U0153147

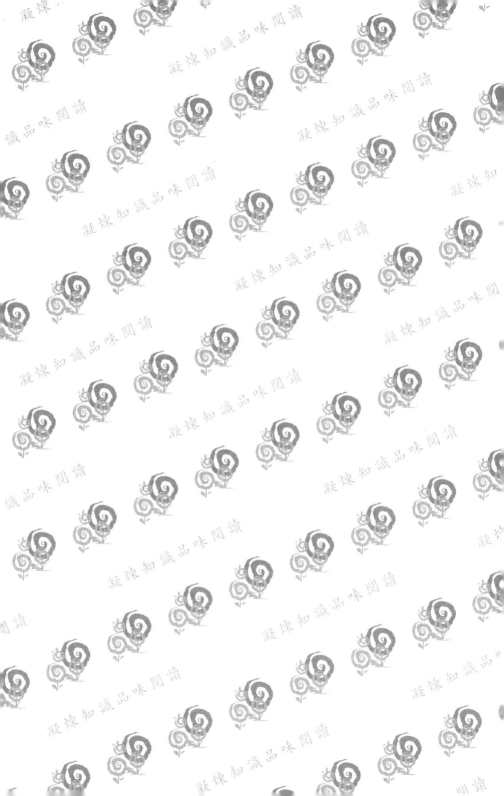

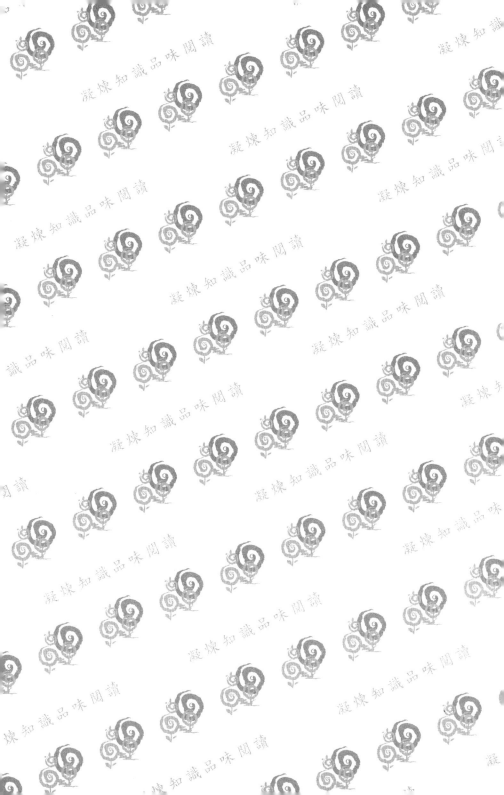

生物科技與人權法制

史慶璞——著

五南圖書出版公司 印行

自　序

　　生物科技是一門統整大自然與生命的科學與技術，對很多人來說這門學問總是高深莫測，不得其門而入，感覺上應該是一個純然探索自然科學的領域。近年來伴隨人類知識的增長及社會互動的增加，生物科技的討論也漸漸成為人們茶餘飯後經常思考的話題，尤其是現代醫療照護需求經由公共衛生系統深入民心，更使得生物科技已不再是過去沉潛實驗室的小精靈，而是邁開大步走入民眾生活的社會公器。自此，以人為本的人權思維價值及維繫人類社群綱維的倫理與法律規範，亦將無可避免地重重掛在生物科技的研究與發展之上，而成為科學家及研發人員另一項必要又難以開脫的沉重負荷。

　　曾聽聞人們誇張地說生技公司在新產品進入市場販售前，必須通過倫理及法律的層層把關始得量產。換言之，在一棟十層樓的生技公司裡，從事實驗及生產的科學家至多僅占整個大樓的一層至二層，剩下的三層到十層則都是公司所禮聘的哲學家、倫理學家及法律學家。新產品如未能通過上面專家學者的層層問責與檢驗，例如認為新產品的推出與販售將對人類社會造成現實或潛在的倫理或法律疑義，則不論其對於使用者將產生多少效益或對於股東將形成多少分潤，公司終將採取斷然措施立即捨棄該項新產品之開發與量產。這個說法雖然有點誇張，但也道盡在生物科技領域，科學家往往站在人類方舟的前梢，與船艏前的驚滔駭浪進行第一線的搏鬥，但決定的海路不能太過激進或冒險，以免導致整個方舟的翻覆與全體船員的湮滅。科學家對於倫理與法律的

議題不可恣意輕忽或貿然蔑視，而應虛心接受道德與理性的建議與呼籲，從而能夠坦然面對及主動緩減因自己的研發行為，而對於他人甚至人類社會所造成現在或未來得預見及可避免的不良後果或不當影響。

桃莉羊的誕生，筆者試圖跨越法律的框架，開始思考關於科學、法律與倫理交錯的問題，幸獲機緣師承DR. SOMPONG SUCHARITKUL教授及其指導，於美國舊金山GOLDEN GATE UNIVERSITY法律學院，針對當代生物複製所衍生人類克隆技術之道德與法律等諸多爭點進行研究，於2010年完成博士論文取得S.J.D.法學博士學位。承蒙中原大學張董事長光正講座教授提攜，任職中原大學人事室主任，並於財經法律學系研究所及大學部擔授生物科技法律與倫理相關課程，從而獲得與系所師生分享個人學習心得的機會。筆者基於任教以來與學生交流互動的體認與經驗，綜整當今生物科技重要課題彙集成書，提供讀者作為參考。

筆者才學疏漏，不周及未盡之處所在多有，尚祈方家先進不吝賜正指教。本書之出版，承蒙五南圖書公司鼎力相助，謹此一併致謝。

史慶璞

於中原大學人事室

2024.1.13

目　錄

第一章
科學自由與人權

　　科學發展一日千里，於二十一世紀尤甚，其所帶動之生命研究與生物科技應用更在各項突飛猛進的科學領域中獨占鰲頭，成為自然科學界的翹楚。但各項發展欲達巔峰必將面對前所未遇之瓶頸，例如道德、倫理、宗教、法律的爭議勢將隨之而來，生命科技領域之拓展自然不能例外。水能載舟，亦能覆舟，科技可帶給人類更幸福的生活與便利，但亦可能助長社會的動亂與不安，對於人權反而造成無可逆轉的傷害與貶損。

　　因此，科技發展應以人權價值為核心，啟動生命科技與人權議題的對話，並經由二十一世紀嶄新科學與技術之思維，針對人類在科學自由、知識探索及生命資源之享有與應用等方面與人權關懷之調諧進行檢討與反思，應是今日面對新穎科技之到來所最值得探究之課題。

　　科學一詞，依據聯合國教科文組織UNESCO總會大會於2017年11月13日通過關於科學和科學研究人員建議書（Recommendation on Science and Scientific Researchers）所闡述之定義，係指人類以個別或大小團體方式嘗試組織化努力，藉由對所觀察現象及其證明之客觀研究並透過發現與資料之共享及同儕審查，共同致力於發現及掌握因果、關連或互動之連結；透過系統反思及概念化過程以協調之形式彙集知識之從屬系統，從而為其提供利用、獲得自身利益、理解於自然及社會所發生過程及現象之機會。

　　同時，世界人權宣言第27條言明人人皆有共享科學發展之權利，而經濟社會及文化權利國際公約第15條亦強調會員國應肯定人人有享受科學進步及其應用之權利。上述國際法相關諍言，在在肯認科學是促進及協助每一個人人權福祉實現之泉

源。至於人類應如何適切利用科學發展契機，以造福人群，則是科學自由應予嚴肅探討之課題。

第一節　人權

第一項　人權之概念

　　所謂人權（Human Rights），顧名思義，係指吾人生而為人與生俱來即應享有並得排除他人干涉之權利基礎。因此，人權不僅非傳受於任何人，且不得分割或讓渡予他人。人權一詞，始源於中世紀末期希臘羅馬政治哲學對於自然法所闡述有關自然權利（natural right）或自然正義（natural justice）之概念，而在美國獨立革命及法國大革命中發光發熱，受到世人之關注與景從，其中關於人類尊嚴（human dignity）保障之內容，更是近代拓展與建構人權理念最豐沛之泉源與最穩固之基石。

　　人權的概念，透過許多聖哲先賢之教導與啟發，以及歷經五百餘年之淬鍊與琢磨，已在今日隨著人類多元之文化傳承與分歧之歷史經驗，而呈現涵蓋面向甚為廣泛之權利價值與能力基礎。

　　概括言之，人權之概念，除了以天賦人權為核心之人類尊嚴及自然權利等理念外，在政府與人民之間亦蘊涵固有主權及社會契約等價值。這些理念與價值，旨在呼籲人類應不分任何國籍、種族、膚色、男女或性別認同、宗教信仰、政治取向或其他觀點、社會背景、貧富、階級、出生或其他差異，平等享有這些生命、自由及追求幸福、快樂與生俱來之權利。

　　前述在人類源遠流長、取得不易之文明遺產中占有重要地位之道德信念，如經國際社會透過討論與分享獲得共識，咸認確屬維繫人類生命生存之尊嚴所不可缺少及不可讓渡的基礎或根本條件，即應無任何不合理差別對待，爲世上每個個人或群體所享有與行使之權利，亦即一般所稱之基本人權（basic human rights）；如能在各個主權國家形成主權者共識，則其可再進一步成爲人民在各國憲政法治下所嚴格保證之基本權利（fundamental rights）[1]。但無論係屬基本人權或係基本權利，

[1]　人權係基於實現人性尊嚴而衍生，爲一切世人所享有，舉凡人類之所欲且因而異於禽獸之權利、利益、身分、資格、期待或慾望等均屬之；如其係屬維繫世人生命生存所不可或缺且深植人心，爲國際社會、組織、輿論所支持，堪爲世人所共同推崇樂於遵循之道德化教條或準則者，則爲基本人權，例如糧食權、居住權、清潔飲水權等是。在國際社會所肯認之眾多基本人權中，如其中有經各個文明國家之歷史傳承所肯定，認爲具有基本重要性，且經該國政府透過法制化過程已納入其憲法或根本法律中予以周延保障者，則爲基本權利，例如參政權、自由權、財產權等是。

因之，人權以表彰人類存在之價值和品位而衍生，於人類文明之進程中，隨著人權意識高漲，無論是否取得世人共識，其概念確有日益擴大至無遠弗屆之趨勢；至於基本人權則似可歸依爲那些放諸四海而皆準，爲多數世人所一致肯認，具有國際法維繫能力之普世價值與上位道德理念，惟其是否將爲某國憲法或其根本法律所併入，而成爲國內最高法律所保障具積極優勢性之基本權利，則尚須仰賴該國社會、政治、經濟及文化情況，以及民眾普遍認同之歷史價值及意識形態而定。

至於國際法上所肯認基本人權併入各國法制，成爲各該憲法保障基本權利之方式，則將視各國所採行之法律體系而定。在英美法系國家，基本人權可經由終審法院判決併入該國憲法內容而受到基本權利之保障，而在大陸法系國家，則國際社會所推崇之人權，非經國會透過立法程序併入國內法律，縱使其曾爲終審法院判決所採納，亦無法當然併入該國憲法成爲基本權利保障之事項。惟無論係採行何種法系，基本人權須經法院或議會特定程序始得併入國內法律，如其基於國情具有基本重要性，則可納入該國法制基本權利保障範疇，成爲憲法上權利，於國家法制中受到最高位階之保障；如其僅具一般重要性，則可納入該國法制一般權利保障範疇，成爲法律上權利，於國家法制中受到一般位階之保障。

各國政府在國際法及國家法律上皆有保障及實現上述人權意涵之責任與義務，不宜因未參與國際會議、未認同多數意見，或與國內法律或民情風俗發生衝突而斷然拒絕。

基於多數宗教義理與人本主義等神學及哲學之立場，天賦人權之客體和人權行使之主體皆指擁有人類生命之現代人（*Homo Sapiens*）而言。人類為造物者依其肖像所創造，且被授予統領地球上一切生物之權柄，由於其道德品位列居各種生命之首要，故不論在道德上或在倫理上，人類尊嚴皆應受到最完整之保障與尊重。至於有關人類應自何時起始擁有人類生命之問題，不僅是一個典型的科學命題，也充滿著哲學和神學的意境。一般而言，人類自獲得人格（human personhood）的那一刻起開始擁有人類生命，而擁有人類生命之人即應平等享有人性尊嚴。

為表彰人性尊嚴，源於自然權利與自然正義之人權，乃是造物者所賦予每個人關於生命、自由與追求幸福所不可讓渡之權利，他人不得任意剝奪之。由於人權係經由社會建構所共同陶鑄之概念，故其意涵也將隨著在不同時空背景下所形成之社會正義而演變。縱使如此，其建立人與人之間及人與群體之間相互尊重，平等分享權利與其他價值，以及容忍他人追求生存、尊嚴與幸福之宗旨則是不會改變的。

人權除應肯定人們擁有取得生計所需之一切權利外，亦應言明擁有權力者有促進人們生計之所有義務。人權更將進一步限制某些政府所主使被列為逾越一切文明標準及完全跨越鴻溝之作為，例如嚴刑拷打、法外處決、干擾家居隱私、種族、宗教及性別歧視，以及其他類似之行徑等。但整體而言，今日之人權，已不再只是一張要求及禁止有權力者作為或不作為之檢驗清單而

已，它不僅是人類社會驗證近代人權理念之光榮軌跡，同時更代表著世人對於人權之重視，願意共同奮鬥積極促其實現最剴切之承諾[2]。

　　人權保障的建構與共識，在自然科學領域尤其是生命技術之研究與發展方面尤為重要。為進行生命技術之研發，以各種生命組織或群體作為研究對象勢所難免，基於對生命之尊重，縱使是以動物、植物，甚或微生物、細菌、病毒為研究對象，主持研究之機構或人員仍應按其所研究對象生命的道德品位，採取符合生命倫理之必要措施，例如在生物實驗進程中維護植物之多樣化、減輕動物之痛苦，或確保微生物生存之永續等。

　　至於如以人類本身為生命科技之研發對象時，則不論是僅就人類生命行為或活動之模式，或是進一步以人類生命組織或身心運作之模式進行探索，均應以人權保障作為實現生命倫理之道德底線，縱使人權概念未臻明確或人權法制未及完備，研究機構或人員對於人類生命之尊重，均應以其作為開始或續作一切研發行動或方案之前提及依歸。換句話說，人類自獲得人格的那一時刻起即擁有人類生命，任何以人類為研發對象之計畫如有危害人類生命或有危害人類生命之虞之情形，則該研究計畫自應即時廢棄或停止進行。

第二項　人權之價值

　　在十八世紀末葉發生之美國獨立革命及法國大革命，應是古

2　參閱RICHARD PIERRE CLAUDE, SCIENCE IN THE SERVICE OF HUMAN RIGHTS 21 (University of Pennsylvania Press, 2002)。

典人權概念注入嶄新思維而演進成為近代人權意涵之分水嶺。在1776年美國獨立宣言中，起草人湯瑪斯‧傑佛遜（Thomas Jefferson）不再仰賴英國權利法案有關權利源於繼受之傳統束縛，而逕行植基於自然法人性尊嚴及盧梭天賦人權之理念，強調人生而平等且為造物者賦予生命、自由及追求幸福等不可讓渡之權利。

由於這是一個無證自明之真理，新的國家建立以後，即可據此作為建構人民與政府、人民與國家，甚而人民與造物者之間良善關係之基礎。為確保這些權利，政府成立於人民之中，經被統治者同意取得適當之權力。任何政府如破毀這些目的，無論何時，人民皆有權改變或廢棄之，並成立能夠實現安全與幸福的新政府。

1789年法國人權宣言更進一步指出，無知、忽略或輕蔑人權即係造成公眾不幸和政府腐化之唯一原因。人生而自由且權利平等，一切政治組織之存在，其目的均旨在維護人民天所賦予及不受侵犯之人權，而主權即係根源於全體國民，任何團體或個人皆不得行使國民所未明確授予之權力。

受到上述兩大革命有關天賦人權、社會契約及國民主權等人權思維之啟發，在十八世紀結束前，以平等及不可讓渡之人權為哲學基礎之政治理念，已成為西方主流民主政治思潮之核心價值[3]。由於這些政治人權內涵，對於廣大受壓迫之群眾而言，無異為推翻貴族政治、專制政府甚而殖民統治提供最合理及正當化

---

[3] 參閱 JACK DONNELLY, UNIVERSAL HUMAN RIGHTS IN THEORY AND PRACTICE 88-90 (Cornell University Press, 3rd ed., 2013)。

之基礎，故在二十世紀初葉，已儼然成爲新興國家鼓舞民眾除惡抗暴建立新政權以取而代之所高舉之大旗。

　　近三百多年來，人權之內涵，經過各個國際組織及世界各國在實證上及經驗上不斷地推演與反省，已漸次從政治人權擴展至社會人權、經濟人權、文化人權等底蘊。而人權之性質，亦從個人消極和積極之個別權利，演進至民族、團體或族群等強調永續或共生之集體權利。尤其是經過二次大戰慘痛教訓後，世界各國形成共識，咸認對於世界人權之保障與推動應化零爲整，責由1945年新成立之聯合國統籌運作與規劃[4]。

4　關於人權發展之階段，可歸納爲四個進程。第一個進程爲十八世紀末至十九世紀中人們拋頭顱灑熱血與君主抗爭所追求之防禦權、公民權及政治權等，屬於個人消極地希望不再被政府恣意壓迫之個人消極權，或稱爲第一代人權，在這個階段造就了美國獨立及法國大革命之政治變革。

第二個進程爲十九世紀末至二十世紀初人們對於社會經濟地位懸殊不平則鳴而追求之經濟權、社會權及文化權等，屬於個人積極地要求政府給予自己與他人一樣的平等對待之個人積極權，或稱爲第二代人權，這個階段造就了共產國際及工人運動之蓬勃浪潮。

第三個進程爲二戰結束後各個被奴役民族或國家群起爲推翻帝國主義剝削分化而主張之自決權、和平權及發展權等，屬於集體永續地對抗強權國家干預其他民族自決之集體永續權，這個階段造就了聯合國安全理事會及相關國際組織主導世界永續發展之決心與許多新興國家之和平興起。

第四個進程爲二十世紀末至今日人們對於集體的概念已漸漸從對於民族國家整體的關切轉化爲對於各個弱勢或不利益族群之濟弱扶傾，從而要求政府實現婦女權、幼童權、殘疾權及老人權等，屬於集體永固地在各個群體間發揮友愛互助博愛共融之集體永固權，或稱爲第四代人權，這個階段促進了各國政府對於建構完整社會安全、社會保險及社會扶助等制度及其連結網絡之重視和決心。

總結言之，如將近代世界人權發展進程與法國大革命所高舉自由、平等、博愛之旗幟比較，第一代人權賦予了人民在旗幟中之自由，第二代人權肯定了人民在旗幟中之平等，而第三代及第四代人權則展現了人類全體在旗幟中之博愛。

逾半世紀至今，世界歷經冷戰時期西方民主政治與蘇聯社會主義兩大陣營之競爭、第三世界之出現、核戰浩劫之威脅、自然環境之破壞、嶄新科技之浪潮，以及後冷戰時期區域經濟社會與文化之對峙等，人權之作為始終伴隨其中，成為突破僵局與困境之鎖鑰及謀求共識共享雙贏之催化劑，故其概念早已深植人心，世人皆可朗朗上口，其內涵更已廣被人類活動所形成之各種重要領域與範疇，並成為全體人類所共同推崇及遵循之普世價值。聯合國啓動全體人類關於人權議題之分享與對話，進而有效化解國際間之各種紛爭與歧見，其對於世界和平之促進及全球永續發展之貢獻，自然是不容輕忽的。

第三項　人權之法制

如前所述，人權是一個哲學上的概念，也是一個道德上的基準，透過哲學與道德之思辨，吾人可盡情深究人權存在之價值及其應如何發展始屬適當等問題。但為使人權的概念能在世界上普遍實踐，除須獲得國際社會之認同與支持外，更須在國際法上完整建構關於人權之實體性及程序性的法制基礎，且應以此作為世界上每個人及各個國家實行人權之明確尺度與共同標準，無過則嘉勉，有過則改之，冀以避免人權僅是一些模糊及泛道德化之口號，由於其在國際社會及各國法制中欠缺有效之執行機制，最後充其量不免終將淪為束之高閣與華而不實之陳腔濫調而已。

因此，當代人權之範疇，一般而言，多數論者均認為應以國際法及各國法制所肯認之有關內容為依歸，而各個人權之內涵，亦應證諸相關成文化之國際原件，不宜僅憑文字、詞句、譯述斷章取義而恣意擴大、限制或任意曲解其意涵。透過成文法

制，人類縱使係處在無政府之亂世窘態，國際社會所肯定與生俱來之自然權利，仍將在國際法上獲得具體之保障。

在德國波蘭裔英國國際法學者赫希‧勞特派特（Hersch Lauterpacht）於1945年出版《*International Bill of Rights of Man*》一書人聲疾呼聯合國應制定人權法案明文揭示自然權利範疇及各國憲法應予保障之各種權利，以及在世界各國人權領袖之努力奔走與敦促之下，聯合國總會終於在1948年12月10日通過世界人權宣言（Universal Declaration of Human Rights），成為今日實現人權最具關鍵性之法律書類，與聯合國憲章並列歷年制定國際人權系列法案之首[5]。

世界人權宣言第1條開宗明義規定：人生而自由，且在尊嚴及權利上一律平等。根據本條文之規定，人權理念至少應在下列四個下位觀點中獲得實現。第一，人權應盡力確保所有人之生命獲得儘可能之尊嚴；第二，不論種族、膚色、出生、性別、宗教、語言、適法性、財產和其他身分地位，人權應普遍適用於世界各地之所有人；第三，人權對待所有人應儘可能力求平等，各個國家應為其所有人民提供平等和有效之人權保障；第四，人權保障不受限於任何國家之邊界。每一個國家皆應有尊重和提升國際社會所肯定人權之責任。由於人權涵蓋人道之基本原則，某些權利如生命權，免於奴役之自由及免於酷刑之自由等，在本質上具有絕對性，故而在任何情況下均不得受到危害[6]。

---

[5]　參閱 Andrew Clapham, Human Rights, A Very Short Introduction 27-28 (Oxford University Press, 2nd ed., 2015)。

[6]　參閱 International Federation of Red Cross and Red Crescent Societies and

　　自世界人權宣言通過之後，許多關於人權保障之條約和協定亦在聯合國的鼓勵及支持之下陸續簽訂，若干區域性之人權法律亦相繼制定。這些在人權文件中被一般人描述為人權之權利和自由包括兩大類別：第一類為應受即時保障之公民和政治權利，例如為公民及政治權利國際公約（International Covenant on Civil and Political Rights）所肯認之生命權、自由權及人身安全等是；第二類為應逐步實現之經濟、社會和文化權利，例如為經濟社會及文化權利國際公約（International Covenant on Economics, Social and Cultural Rights）所肯認之最高可獲致健康標準、工作、社會安全及享有科學進步及其應用之利益等權利是[7]。

第二節　科學自由

第一項　科學自由之意義

　　所謂科學自由（Scientific Freedom），係指個人對於自然科學進行研究與論述之自由，包括思考、論述、公開發表、講學、出版科學研究、彙整科學知識及參與科學組織及有關活動等之自由。普世人權價值是否蘊涵科學自由及科學自由應否受到各國憲法之保障，始終牽動科學家拓展科學界限及突破技術瓶頸之

François-Xavier Bagnoud Center for Health and Human Rights, *Human Rights: An Introduction*, in HEALTH AND HUMAN RIGHTS 21-23 (Jonathan M. Mann, Sofia Gruskin, Michael A. Grodin, George J. Annas eds., Routledge, 1999)。

[7]　參見The International Covenant on Civil and Political Rights (ICCPR), 16 December 1966, 993 U.N.T.S. 171; and The International Covenant on Economic, Social and Cultural Rights (ICESCR), 16 December 1966, 993 U.N.T.S. 3。

標線。有關科學自由是否存在之問題，因受到匈牙利科學家麥可・蒲朗尼（Michael Polanyi）相關論述之影響而受到世人之重視。

在二十世紀初葉，俄國科學家科學研究之項目及領域均受到蘇聯政府嚴密的監控，非經政府核准，任何形式或程序之科學研究或成果，尤其是涉及基因領域方面之作為，皆屬危害社會秩序與國家安全的假科學，國家皆應嚴予禁止[8]。

此種科學探知及研究之自由應屈服於國家利益之下的看法，亦曾獲得歐洲國家部分學者之共鳴。英國生物學家約翰・柏納爾（John Desmond Bernal）於1939年著書，間接支持前揭看法[9]。柏納爾認為科學家應明確認知，在進行科學研究時，縱使能以不放棄自我為前提，但仍須服從社會共通之目的，因為只有透過共同合作，每位科學家才有達成其個別目標之機會。

針對上述論點，蒲朗尼給予嚴厲駁斥。他於《*Personal Knowledge*》一書中，強調科學方法並非純粹客觀，其所累積之知識亦非絕對客觀。相反地，科學家在選取科學方法，探索研究項目，以及在論述和評價特定事件或現象時，不免將涉及個人情緒和好惡，甚而科學家亦將無可避免地須自行決定何種科學問題應作較優先之探索或作更進一步之研究。

蒲朗尼肯定自由是科學之根本，並認為科學自由之建構，才是促進科學發展之基礎。而科學家依據個人自由意志探索科

---

[8]　參閱Glass, Bentley, *Scientists in Politics*, 18.5 BULLETIN OF THE ATOMIC SCIENTISTS 3 (1962)。

[9]　參閱JOHN DESMOND BERNAL, THE SOCIAL FUNCTION OF SCIENCE 415-416 (1939)。

學，且透過理性之同儕審查及有效之科學驗證，正是形成科學知識發展科學新知的先決條件[10]。

另外，與蘇聯科學家應遵照政府最新五年計畫擬定未來科學研究方針不同，蒲朗尼接受英國政府委託擬定中央級科學研究計畫，並於1940年倡導成立科學自由協會（Society for Freedom in Science）。該協會成立的宗旨即在提升科學自由的觀念，提倡科學家探索科學的自主意志應受尊重，並試圖以實證類比的方法反駁科學的功能僅是服務社會的工具之看法。蒲朗尼在其文獻中多次表示，唯有在科學家僅為真理本身的目的追求真理時，科學才能展現風華。

蒲朗尼進一步指出，科學家之間的合作關係，正如同業務員在自由市場中的合作關係。消費者透過自由市場決定產品之價值，專業人士則透過公開論辯尋求科學的結論，並期待科學家能即時因應。為實現及滿足該項結論，科學家可基於自由意志，主動決定是否加入一個或數個科學家之間所自由成立的緊密連結或組織。此種基於自發性自行發起的合作團體所產生的結合，自不屬任何提供此類平台的人所預設或規劃之結果。任何基於單一機構之命令以組織團體的意圖，終將使該組織喪失自主發起的性質，進而將因指揮單一化與集中化而降低該組織因結合所得預期之效率[11]。

蒲朗尼認為學術自由為形成真知的基本要件，科學自由亦因

---

[10] 參閱MICHAEL POLANYI, PERSONAL KNOWLEDGE (1958)。

[11] 參閱Michael Polanyi, *The Contempt Of Freedom: The Russian Experiment And After 1940*, in THE LOGIC OF LIBERTY (Routledge, 1951)。

科學家探索宇宙眞理而受到重視，此項自由權的概念及發展自應
與學術自由並駕齊驅，始足當之。如前所述，對於自然科學行使
研究與論述之科學自由，除應強調內在思維之形成與發展外，
同時亦應保障外部行爲之對話與參與，亦即應以思想自由及表意
自由爲核心，方屬完整。

　　科學自由在人權價值的體現上，往往與人類探求眞理之自然
權利相提並論，具有宗教義理及道德義務之色彩，其對於人類發
展與世界文明之貢獻，不容忽視。義大利天文物理學家伽利略
（Galilei, 1564-1642）終身與羅馬天主教廷抗爭，希望能從哲學
及神學的緊箍咒中將科學自由解放出來，其不僅爲日後科學發展
注入生機，同時更是歷代科學家爲追求眞理對抗權威，不惜以生
命換取科學自由的象徵[12]。

　　近代科學家對於科學自由的堅持，亦值得觀察。爲反對蘇聯
科學家之科學自由始終受到政治獨裁者果斷決定的操縱，甚至淪
爲政府侵害人權的工具，被譽爲蘇聯氫彈之父的諾貝爾和平獎
得主安德烈・沙卡洛夫（Andrei Sakharov）不顧赫魯雪夫的威
脅，不惜放棄國家所給予各種尊崇的地位，挺身而出支持蘇聯改
革，並倡議公民自由。

　　沙氏強調全球科學家應採取更積極的態度捍衛人權，並認爲
捍衛人權乃是在紛擾世局中結合群眾、解除壓迫的明確道路。沙
卡洛夫在諾貝爾得獎感言中提到，他預期在不久的將來，國際人
權不僅將促進世界和平，同時亦將因更多高科技溝通系統的建
構，而演進成爲一個包括科學家在內所有人一致支持的全球化運

---

[12]　參閱207 Science 11650-1167 (1980)。

動[13]。

今日，科學自由已為世界多數科學機構與組織所尊崇，且經聯合國重要人權公約所明文保障[14]。拜現代電子、通訊、網路等網絡科技發展之賜，全球各地有關人權侵害的信息，均可在彈指之間傳遞到每個人的手掌之中。沙卡洛夫對於科學自由將可促進與帶動人權保障的註解與期待，已在國際社會上獲得驗證。

第二項　科學探知自由

所謂科學探知自由（Freedom of Scientific Inquiry），係指人民有藉由探究人類及宇宙之本質，以獲致幸福生活之自由。由於科學探知自由除可維護人類尊嚴及保障個人生命外，亦可增進社會公益，提升人類福祉，故早為現代多數國家法律所保障[15]。但探究科學自由非屬絕對，如其與受社會及強制性道德義務所保障的福利或人權發生衝突時，該自由自應作成適度之讓步。例如納粹德國為探索人類基因性狀遺傳模式，不惜以無數猶太雙胞胎兄弟姊妹作為研究對象，此種不人道的行徑因明顯違反社會及道德義務而令人髮指，故受到世人嚴屬的譴責。

基於科學探知自由之保障，政府雖有尊重科學家探究科學自由的義務，但由於該自由並非絕對，故仍應受到有關倫理原理、科學原則及懲戒標準等規範之拘束。然而，科學探知的成果

[13] 參閱 RICHARD PIERRE CLAUDE, SCIENCE IN THE SERVICE OF HUMAN RIGHTS 131-134 (University of Pennsylvania Press, 2002)。

[14] 參照經濟社會及文化權利國際公約第15條第1項及第3項。

[15] 參照2010年歐盟基本權利憲章（Charter of Fundamental Rights of the European Union）第13條。

縱使令人驚訝、失望或具有爭議性，只要該研究成果通過適當的
同儕審查機制，研究人員自應享有完整公開及發表該研究成果的
自由。

　　站在科學公益性之立場，科學家應肩負其社會責任，並能充
分理解科學發展所將面對有關道德、政治、宗教等問題，進而以
公共利益為依歸，決定何種科學研究項目最能提升重要及具有人
文價值的公共利益。科學家與民眾應結合各自的力量，共同防止
科學濫用之情形，且應將科學知識及其應用技術，以不違背人權
價值的方式，讓每個人都能共享其利益[16]。

　　正如愛因斯坦所言，科學家的義務，乃是對於其所做的研究
及各國所彙集的科學知識保持堅定的信念。愛因斯坦相信，人類
終可經由科學及其應用技術之發展造福人群、服務社會大眾，進
而消弭戰爭、締造世界和平[17]。

第三項　科學知識接近權

　　所謂科學知識接近權（Right to Access Scientific
Knowledge），係指人民有接近科學知識分享科學應用利益，並
進行科學研究及其他創新之權利。此項為人民所享有接近取得
科學知識之權利，早經國際社會及聯合國有關組織與會議所肯
定，並成為各國政府積極落實之重要人權項目之一，其人權價值
既為普羅大眾所認同，自不得因種族、國籍、膚色、男女、性別

---

[16] 參閱Frank von Hippel, Joel Primack, *Public Interest Science*, 177 SCIENCE 1166-1171 (1972)。

[17] 參閱RICHARD PIERRE CLAUDE, SCIENCE IN THE SERVICE OF HUMAN RIGHTS 41-42 (University of Pennsylvania Press, 2002)。

取向、婚姻狀態、政治認同、宗教信仰、語言或其他身分地位等之不同而有差別對待[18]。

關於人民科學知識取得權應如何實現的問題，聯合國經由經濟社會及文化權利國際公約明定若干標準實踐程序。依據該國際公約第15條之規定，締約國首應肯定任何人皆享有取得科學成果及其應用利益等之權利。其次，締約國為落實前述權利所承諾履行之步驟，至少應包括為維護、發展及傳播科學所必要及不可缺少之方案。聯合國課予締約國制度性義務，以確保各個政府尊重及保障人民接近科學取得科學知識及分享科學應用利益等權利之決心，可見一斑[19]。

人民接近科學取得科學知識之權利，既經國際社會所肯定，各個國家除應提供人民在科學領域可全力作出貢獻之各種機會外，亦應使人民擁有從事科學研究所應具備之所有自由。在另一方面，人民及團體除應享有參與政府作成科學有關決定之權利外，為向政府提出關於科學方面的建言及監督政府履行科學方面的承諾或職能，人民及團體對於與科學有關之信息，亦應享有完整的知情權利，始屬完整。

第三節　科技人權

第一項　科技人權之內涵

所謂科技人權（Human Right to Science），係指任何人無

---

[18] 參照世界人權宣言第2條、第27條第1項、第2項。

[19] 參照經濟社會及文化權利國際公約第15條第1項、第2項。

分差異，在國際及各國人權法制的保障之下，均享有接近科技利益、致力科技研發，以及參與科技決定等權利。換句話說，經由科學知識及其應用所獲致之利益，任何人皆有接近之權利；對於科技之創新及研發，任何人皆有貢獻之機會；以及關於科技之決定與信息，任何人皆有參與之自由。

因此，基於科技人權，人民享有接近科技利益之權利，故可請求政府平等分享科技成果，例如要求政府應用染色體DNA鑑定技術洗刷冤屈，要求政府利用衛星空照技術尋找遺骸，或要求政府提供細胞治療技術對抗癌症等是；另一方面，科學家及研究人員享有致力科學創新之自由，故可防止政府對於其為科技研發所行使之言論、講學、著作與集會、結社等表意自由，以及居住、遷徙與秘密通訊等隱私權之侵害。

為實現國際條約和有關協定對於科技人權保障之承諾，各國政府應積極建構維護、發展及傳播科學技術各種宏觀及微觀之有利環境，尊重科技發展不可缺少之研究自由，並協力促進國際間科技研發成果之交流與合作，以使所有人民之尊嚴與福祉，均可在科技人權之呼籲與提倡之下，獲得公平妥適之照料[20]。

第二項　科技人權之性質

如前所述，世界人權宣言第25條、第27條及經濟社會及文化權利國際公約第15條有關科學探知自由及科學知識接近權等規定，始終為國際社會理解科技人權內涵所最仰賴之倫理與法制

---

[20] 參閱Audrey Chapman, Jessica Wyndham, *A Human Right to Science*, 340 SCIENCE 1291 (2013)。

基礎。然而,與其他國際文書所論述之人權不同,科技人權之內涵雖衍生於世界人權宣言第27條第1項「人人有分享科學進步及其利益之權利」及同條第2項「人人有保障其所創作任何科學成果之權利」等規定,且於經濟社會及文化權利國際公約第15條明定締約國政府有保障與實現上述權利之法定義務,包括對於科學研究自由之尊重、平等分享科學應用利益之促進、科學技術有害結果之預防,以及科學人員跨境合作之強化等。

然而,科技人權未經聯合國或相關國際組織在有關條約或協定上作成較為完整之界定亦是事實,由於其欠缺明確意涵,導致常年為各國政府所忽略,甚至未曾受到人權團體及科學各界之重視。為此,聯合國教科文組織UNESCO自2005年起即開始針對科技人權之內涵展開對話,期望能在國際社會為此項權利勾勒出一幅較為一致且具體之圖像[21]。

該組織於2018年在第八屆拉丁美洲及加勒比海社會科學會議中,邀請專家學者針對科學在人權之觀點及其應用等議題提供建言。多數學者均認為科技人權之取向,必將成為未來科技永續發展之核心,聯合國應確保科學及其應用能在國際所肯認之完整共通標準下獲得調諧[22]。

實現科技人權之關鍵,應是對於人民及科學家與研究人員接近權(right to access)保障之落實。由於科技不僅帶來物質,亦

---

[21] 參閱Jessica Wyndham, Margaret Vitullo, *Define the Human Right to Science*, 362 SCIENCE 975 (2018)。

[22] 參見UNESCO, *Science As A Human Right: The Need of A Unified Concept*, at http://en.unesco.org/news/science-human-right-need-unified-concept。

提供知識；科技人權不僅關乎科技物質產品之利益，同時亦涉及科學知識及應用方法本身之利益。因此，接近科技權應結合若干在國際法、憲法或一般法律上所肯定其他權利或自由之實體內涵及程序效益，始具意義。

從實體面觀察，科學家及研究人員接近科技之權利須與包括言論、學術、出版、集合、通訊、旅行等自由及一般財產、智慧財產等權利結合，始有助於其取得科技研究材料、獲得科技研討資訊、潛心科技研發創新及參與科技組織集會等實體性科技人權之實現；而人民接近科技之權利則須與生存、健康、財產、知情、教育等權利結合，始有助於其認識科技知識、汲取科技信息、享受科技利益及參與科技政策等實體性科技人權之落實。

從程序面觀察，憲法有關正當法律程序及平等法律保護等之程序性保障，對於所有人之科技人權而言亦應一併適用。因此，任何人皆應平等分享科技知識及其應用所帶來包括物質上與精神上之利益，不得在法律上有不合理之差別對待；非經正當法律程序，其於科技人權之權利或自由不得被剝奪。

由此可見，科技人權是一個外延性頗為顯著之綜合性人權，其與其他種類之人權互利共融，甚至可促進及協助其他有關人權之關注與實行。但是，與其他種類之人權相同，科技人權並非絕對，政府如基於公眾福祉及避免造成過度負擔而須保障他人之權利或自由時，非不得在對應法律制度下，對於該項人權作成若干適當且必要之限制[23]。

23　參照經濟社會及文化權利國際公約第4條。

第二章
現代科技與生命

　　2018年10月，聯合國經濟社會及文化權利委員會公布與科學權相關之議題清單，其中包括三個關鍵性問題。第一，科學受益權與智慧財產權二者有何關係？第二，政府基於有限資源對於上述權利有何義務？第三，科學知識與傳統知識有何區別？所謂科技始終來自於人性，這句話在生命科技領域尤其眞實。現代生物技術除提供人們前所未有之便利與幸福外，更造就許多新興生技產業之創投與發展，其所衍生經濟利益之均衡與社會資源之共享，自然成爲後生命科技時代另一項重要之課題，值得吾人關切。

　　生命科技除帶給人們希望與財富外，亦將無可避免地引致大自然之危機與浩劫，這是人們利用生命科技之代價，還是人類發達文明之宿命，則尙未可知。但爲防患於未然，期使與生命科技相伴相隨之可預期災害與損失能夠減至最小，吾人應從健全法制、完善控管與建立風險管理機制著手。

　　換言之，生命科技法律應擺脫傳統消極地扮演事後性或補贖性救濟法制之角色，而應更積極地建置以事前預防及風險分散爲宗旨之立法，並研議危險評估管理機制適當導入相關法制，以作爲判斷行爲人違法責任之法定準據。同時，爲分散生命科技所經常面對微小且難以測知之災損，周全之強制性損害補償保險觀念亦應建構，以使產業經營者有信心無後顧之憂與讓民眾放心、安心。

第一節　現代科技之意義

　　科技應爲科學（Science）與技術（Technology）之合稱。所謂科學，係指人類爲闡明宇宙及自然界眞理所形成一系列系統

性及組織性之學問與知識；而所謂技術，則係指將科學知識應用於人類社會所需用途之意。科學一詞，於拉丁文*Scientia*即屬知識之意，依據韋伯（Webster）字典之定義，乃係經由觀察與實驗所獲得關於物理與物質世界之系統性知識。科學透過系統性整理，建構與組織可合理說明與預測大自然，且在應用上經得起檢驗及值得社會信賴之知識。另一方面，人們將所累積之科學知識廣泛應用於生活所需機械或設施之設計及研發方面，且藉由科學方法建立有關科學應用之系統化及組織化知識，進而經由經驗傳承形成技術。

因此，科學與技術可謂一體兩面互為表裡，科學為體，技術為用。科學傳遞關於自然之有用知識，而技術則研究如何應用科學知識以提升人類整體之生命與幸福。由是，科學一詞，已不應只是代表科學知識之彙整而已，而應包括科學知識應如何實踐之學問在內，始符合現代科技發展之宗旨與意涵。

第二節　生命科技之範疇

生命科技（Bioscience and Biotechnology）的概念，概括言之，係指利用生物製成產品或形成方法以滿足人類需求之學問，如其著重於生技醫療方面，則與生物科技的概念相容。生命科技經由細胞及生物分子之生命過程，研製開發提升人類生活及健康環境之產品與技術。人類關於生命科技之研究與應用，應可追溯至數千年前利用酵母菌製成乳酪、麵包及酒品之歷史。現代生命科技更應用基因工程及細胞培養等突破性技術，以提供人類對抗災荒飢餓及衰老殘疾之良方。

　　美國化學學會（American Chemistry Association）將生命科技定義為各種工業應用生物組織、系統或過程，以探究生命科學及精進諸如藥物、農作物和牲畜等材料及生物資源之價值。聯合國生物多樣性公約第2條將生命科技定義為，任何利用生物系統、生命組織或其衍生物為特定目的製造或改良產品或程序之技術[24]。換句話說，生命科技縱使僅僅定義為應用生命科學之先進技術以開發商業產品，亦不為過。誠然，生命科技雖與諸如基因學、微生物學、分子生物學、胚胎學、細胞學及生物細胞培養技術等純生物學領域密不可分，但在某些研發領域，仍需仰賴關於類如化學工程、生物工程，甚至生物資訊學及生物機器人等方面之知識與方法亦是事實，自不容忽略。

　　依據上述，簡單的說，生命科技就是應用生物體以滿足人類所需的有關科學與技術之總稱，其中更以分子生物研究與基因串接、重組與編輯等方面的基因技術最為亮眼，幾乎已成為生命科技之代名詞，其中由於單株抗原抗體、細胞培養、基因工程、生物感測、DNA晶片、組織工程、生物程序及生物資訊等技術之推陳出新，更使得傳統生命科技領域在當代展現出一個前所未見之全新樣貌[25]。

　　為因應當代生命科技產業龐大之發展動能與諸多跨領域應用之整合態勢，前述有關生命科技僅係改變或應用生物以提供

---

[24] 參見UN Convention on Biological Diversity Art. 2: "Any technological application that uses biological systems, living organizations, or derivatives thereof, to make or modify products or processes for specific use."。

[25] 參閱 Victoria Sutton, Law and Biotechnology 4 (Carolina Academic Press, 2007)。

人類使用之狹義定義，似已未能滿足現實需求，對於掌握生命科技未來發展勢將造成一定程度之阻隔。爲此，美國律師公會（American Bar Association）從實證角度出發，認爲現代生命科技之範疇，除前述狹義之生物應用外，尚應包括促進人類身體及健康福祉的醫學、藥學、醫材，以及醫事治療、醫療諮詢和相關軟硬體設備、設施等方面之研究、發展及應用等。

此外，韋伯辭典更定義生命科技爲經由例如基因工程，運用生命組織或其成分以生產有用之商品例如抗藥作物、新穎菌株或新藥，以及適用於生命科學之各項運用技術等。茲此，較務實且符合當代生命科技發展實情之生命科技定義，似應同時涵蓋其他間接影響或促進人類健康及生活方式之領域、活動與議題等項目在內，始屬完整。如是，將類如提高農藥噴灑效能、改善作物牲畜生產量能、利用微生物生產人類所需激酶素、分析危害人類抗原或分解毒化人類環境物質等項目，納入當代生命科技之範疇，自屬必然。

基於前述，整體而言，生命科技之範疇，就科學之立場，至少應包含所有與醫學、藥學及生物學有關之知識與學問，而就技術之立場，則可再依上述範疇細分爲醫事、藥物及基因等三大應用領域。醫事領域涉及有關醫療、診斷、施用藥品及若干醫療器械設施之研究與應用；藥物領域涉及有關藥品、疫苗及若干診斷方法之研發與利用；而基因領域則涉及傳統生命科技研究與發展意涵，亦即利用DNA技術建立新醫療方法與育成動物、植物等[26]。

---

26 參閱Hugh B., Wellons, Eileen Smith Ewing, Biotechnology and the Law 4-5 (ABA Publishing, 2006)。

綜言之，生命科技之範疇，如就狹義生物領域觀察，應係指人們應用生命體研發、製造及生產具有實用價值之過程、方法及物品等相關科技而言；而就廣義應用領域觀察，則應指人們將任何具有實用價值之過程、方法及物品應用於生命體等相關科技而言。換句話說，無論在生產端或使用端，任何利用生命製成產品或將產品使用於生命之科學或技術，皆屬生命科技或稱生物科技之概念。

然而，部分學者亦主張區分生命科技應用領域之論述並無實益，例如一個插入病人體內派送特定藥物至某些細胞或部分組織之醫療器材，或是一個分析病人血液之半導體晶片，其究屬何種應用領域，則仍不得確知。但無可諱言者，美國律師公會從無到有，盡力剖析對一般人而言頗感生澀新穎之生命科技領域，並進行科學與理性之分類，至少對於建構生命科技法律之適當領域及釐明生命科技事件之法律適用等方面，是一個好的開始，值得重視。

當代生命科技領域，一般言之，約可分為以下各類，值得參考。第一是關於環境運用之綠色技術類，第二是關於醫療運用之紅色技術類，第三是關於合成運用之白色技術類，第四是關於海洋運用之藍色技術類，以及第五是關於資訊運用之生物資訊類。

第三節　生命科技之課題

第一項　基因工程

所謂基因工程（genetic engineering），係指利用生物學技

術移除、修改或增加包括動物、植物、菌體、微生物或病毒等各種生物體基因組染色體DNA基因，以改變其備載信息或表現特性之操作或改造過程。由於基因工程一詞係在1970年代初期因介紹染色體DNA重組技術之出現而爲科學家所廣泛使用，故染色體DNA重組（recombinant DNA）之英文縮寫rDNA乃儼然成爲代表基因工程之另一個更響亮的暱稱[27]。科學家在實驗室經由染色體重組現象，利用限制酶和連結酶之作用而將不同來源非同時出現的兩個以上基因或基因片段組合在一起，使原細胞DNA發生重組現象，進而獲致改造基因組及改變遺傳表現之目的。

至於經由現代基因轉移或轉基因工程等分子生物技術，將遺傳物質轉移或轉殖於活細胞或生命體內，使其發生基因重組而產生改良或轉變之生物體，無論其係屬於何種類型物種，均統稱爲基因改造生物（genetically-modified organisms），一般直稱爲GMOs。例如，在經由基因工程技術製造人類胰島素之過程中，美國Genentech公司選擇大腸桿菌細胞核內共存的環狀質體作爲載體，將胰島素基因片段插入質體載體後再次導回細胞核內，使其與大腸桿菌染色體一起或獨自複製，而產生能夠製造人類胰島素蛋白質的GMO新菌種者即是。

基因改造生物除在醫療、藥品等領域爲人類所廣泛利用外，近年來更擴大適用於農業作物、環境工業及法醫鑑定等範疇，其經濟效益及投資報酬更非其他生物化學產業所能匹敵。然

---

[27] 基因編輯技術CRISPR-Cas9雖與基因重組技術rDNA不同，係利用細菌遭病毒侵入時之防禦與記憶機制剪開錯誤基因片段，再將正確基因經由質體載體導入細胞核，修補經Cas9剪下之斷口後，完成基因組之編輯，但就其改造DNA之目的而言則無不同，故仍屬廣義基因工程之一環。

而，基因重組技術不免涉及對於自然界及物種生態環境的改變與侵害等議題，縱使不改變自然或保持自然並非就是代表尊重自然，但基因改造的動機究竟是為滿足少數人的私慾或貪婪，是為全人類的幸福或福祉，還是為整個地球的生存或永續，則屬道德、倫理及人權層次的問題，應在科學家及生物技術相關產業大量利用基因工程改造萬物，並企圖深入人類生命生活與改變自然生態環境前嚴肅面對。

　　自1973年科學家首次使用基因重組技術以後，各國對於基因工程之管制與發展益形重視，紛紛設置相關組織及訂定有關法制以為因應。例如，聯合國依據會員國於2003年所簽署卡塔赫納生物安全議定書，綜理基因改造生物之移轉、處分及使用，以及美國國家衛生研究院NIH於1976年成立DNA重組顧問委員會RAC，與農業部USDA、環保署EPA及食品藥品管理局FDA等政府部門協力監管全國基因工程之研發與進程等是，期使基因工程及其衍生基因重組、改造與編輯等生命科技，對於人類及自然所將造成之實際或潛在不利影響降至最低[28]。

第二項　生物多樣性

　　所謂生物多樣性（biodiversity），大體而言，係指對於自然界各種生命體基因、物種、族群之盤整與保存，以及維護地球上大小生態系統及生存環境之循環機制與永續結構者而言。由於人類從事基因重組或轉基因等過程時，往往無可避免地會取代造

---

[28] 參閱朱文森等，國內外基因體工程相關法規掃描與探討，https://agritech-foresight.atri.org.tw/article/contents/1806。

物者角色，直接主宰未來生命體基因及遺傳性狀之取捨、延續或淘汰，且基於人類的自私與貪婪，過度人擇之結果，勢將造成自然界大量物種之滅絕與衰亡，對於人類所賴以生存的地球及大自然勢將形成前所未有的危害與威脅。

因此，當人類開始嘗試享受生命科技所帶來自如與便利生活的同時，是否亦應反思其所施加包括基因、物種與生態系等各方面生物多樣自然環境之負面影響與衝擊[29]。人類操縱生物技術而任意改造地球上各型各類物種基因之遺傳表現，如不幸造成大自然生物多樣性不可逆轉的失衡與浩劫，則人類自己是否亦將自食惡果，自取滅亡，最後造成人權因無所附麗而蕩然無存。如此結果，顯與人權價值相違，值得深思。

爲開發基因工程技術，科學家亟須面對的難題，即是對於生物多樣性之挑戰。論者言之鑿鑿，除提出地球生物多樣性快速遞減之各項研究證據外，且預估不到2050年，全球物種將會有四分之一以上消失殆盡。基因工程涉及人類對於自然存在各種遺傳表現基因的改造與捨棄，最後終將導致物種生命表現之單調化與無異化。如此結果，究非人類研究基因工程技術的初衷。有鑑於生物多樣性議題吸引全球目光，以及世界各國均普遍認爲其係維繫人類永續發展不可或缺之先決條件，聯合國於1992年在巴西召開地球高峰會，並於該次會議中簽署生物多樣性公約（Convention on Biological Diversity of 1992）。

本公約係以人類生存與地球環境等永續發展願景爲主要考

---

29 參閱方國運，正德、利用、厚生－人類永續與生物多樣性，科學發展，501期，2014年9月，頁6-13。

量，簽署迄今雖已近三十餘年，仍係各國積極拓展生物多樣性保育與永續利用等相關工作之法制基礎與共同準則。由於本公約具有國際法效力，其三大主要目標，亦即保育生物多樣性、永續利用其組成，以及公平合理分享利用生物多樣性基因資源衍生惠益等，各個締約國皆應遵守與實行。我國參照本公約精神，於2001年訂定生物多樣性推動方案，經行政院院會第2747次會議通過後實施，係為政府履行國際法義務及推動生物多樣性工作最鮮明之法令依據。

聯合國於2003年為確保活體改造生物（Living Modified Organisms）在處理、運送及利用等方面之生物安全及建構預警性機制，簽署卡塔赫納生物安全議定書（The Cartagena Protocol on Biosafety），並於2010年為健全公平合理分配基因資源利用及其衍生利益與建立全球多邊互惠機制，通過名古屋接近基因資源及衡平分享利用利益議定書（The Nagoya Protocol on Access to Genetic Resources and the Fair and Equitable Sharing of Benefits Arising from their Utilization to the Convention on Biological Diversity）。上述兩項補充書類，對於生物多樣性公約三大目標之推動與實踐，提供明確且具國際法效力之法制框架，其重要性不容忽視。

第三項　風險管理

所謂風險管理（risk management），一般而言，係指經由科學之預測及實證之分析進行風險評估，使管理者因應風險因子之高低，選擇適當之危險控制策略及有效之危險管理方案且貫徹執行，以避免潛在危險之發生及不可逆轉之損失，期能以最低成

本獲致災損最小及安全最大之管理目標。簡單的說,風險管理就是用以控管或降低將可能引致企業組織和往來客戶重大損害且最終導致企業組織負擔重大責任之作為。企業如要作好風險管理工作,其關鍵就是須辨明串流於組織內之問題行為及操作模式,如此方可讓企業精準設定行動方案,對症下藥,以儘速排除上述潛在危險因素。

而風險管理之實施,則須以風險評估之結果為基礎。所謂風險評估(risk assessment),則係指彙集現有科學證據與數據,以定量估算某項事務對於受影響對象是否存在潛在影響之過程[30]。關於風險評估之架構,參考1983年美國國家研究委員會NRC出版有關健康風險評估應用於聯邦政府事務之報告,約可分為四個主要步驟,依序為危險辨識、危害特徵描述、曝露評估及風險特徵描述等[31]。適當的風險評估可協助決策者建置優良之風險管理系統,冀以建構有效之安全控管機制,以及建立完整之危害預防措施。

在生命科技領域,危險辨識係確認某項事務對於某個生命體或某類生命群體發生何種危險之或然率,其或然率愈高,則危害辨識度愈高。危害特徵描述係以定量評估之方式,透過充分之數據及資料詳實檢視或比對危害事務對於受危害對象之各種效應,包括危害證據、致病力或致死率等,其負面效應發生率愈

---

[30] 參閱吳焜裕、吳宜玲,食品安全風險評估與管理,衛生福利部食品藥物管理署,2015年12月。

[31] 參閱王宗曦,行政院衛生署疾病管制局九十五年度科技研究發展計畫研究報告,計畫編號DOH95-DC-2001。

高，則風險值愈高。曝露評估則係檢測生命體曝露於危害事務之途徑、程度、時間及頻率等。

至於風險特徵描述，則是綜合上述論據而作成關於生命體在各種曝露條件下之量化風險評估數值，包括各種危害發生之情況、其或然率之高低、負面影響之大小，以及其他不利於生命體之不確定因子等。同時，在完成量化風險評估報告之前，風險管理者應研訂符合時宜之不可接受風險判定基準，亦即俗稱停損點之概念，以作為日後決定後續風險控制策略及執行方案之依據[32]。

然而，對於生命科技之風險進行量化性評估，在實證上確有困難。在生命科技領域，吾人經常因知識之侷限性、危機之滑坡性、管制之盲目性及利益之差異性，而對於新穎的生命研究或未知的科技發展心存芥蒂，甚至裹足不前。由於社會大眾對於生命科技之認知經常為來自四面八方支離破碎之知識所侷限，其對於風險之辨識與危害之描述自然容易失其精準度。尤其在對於周遭事物感到茫然無措心存恐慌時，人們不免經常誇大不同事物間之因果強度而形成滑坡謬誤的結論[33]。

---

[32] 參照行政院勞工委員會危害辨識及風險評估技術指引，98年1月21日勞安1字第0980145019號函。

[33] 滑坡（slippery slope）現象經常為反對生物科技發展之論述所提出。該論述強調，生物科技之發展，往往從一些不太起眼且又被一般人所忽略，但在倫理上確有瑕疵或有疑慮之斜坡作為開始。惟生物科技之發展一旦取得先機或讓人們嚐到生物科技發展之果實，人們則會很容易從斜坡上滑落，不再專注於斜坡上那些作為所附隨之倫理瑕疵或疑慮，甚至將其謬誤地視為是發展生物科技之所必然，恐非人類力量所能改善或排除，故而僅關注生物科技之發展。至於因收割生物科技發展果實而將引致之倫理或道德危機，則往往會被人們束之高閣或拋至腦後，對於生物科技之發展，形成兩

　　此一謬誤的論述如為立法者或決策者所接受，恐將使生命科技之研究與發展落入盲目放任或管制的泥淖中，久久不能自拔。同時，由於生命科技不免投入龐大社會資源，除非政府介入，否則終須仰賴民間力量，一般民眾恐難接近研發成果，故而對於生命科技之利益自然評價不一，其公益性與必要性亦會受到質疑，最後不免影響風險管理者評估量化生命科技風險資訊之客觀性與公信力。

　　因此，完善風險評估並做好風險管理，乃成為生命科技永續發展成敗之關鍵。由於生命科技發展迅速且具有高度創新之性質，吾人在開發醫療、醫材、藥品、保健、養生，甚或醫美等生命科技產業所將面臨之經營風險，大致言之，約可分為人身風險、財產風險及責任風險等三種類型。

　　人身風險係指引致吾人疾病、傷殘、失能或非自然死亡之風險，財產風險係指引致各種財產貶價、毀損或喪失之風險，而責任風險則係指因自己的錯誤或疏忽造成他人生命財產之損失，依法所應負起包括法律、契約、損害賠償或損失補償等各種責任之風險。由於生命科技經常涉及細微生物及精密儀器之研究與開發，科學家及投資者若非投注大量人力、物力、財力與時間，恐無法在短時間內獲得顯著之成效或回報。甚至，如在遙遙無期的研發過程中不幸發生任何閃失，則其不僅將在財務經營上血本無歸，同時更有被迫負起龐大法律、道德與社會責任之可能。

極之影響。

針對人類胚胎幹細胞研究抱持反對立場之論述，主要即是以滑坡理論作為其所關切之預想謬誤現象，其憂慮人們最終將不會再有興趣去關注人類胚胎幹細胞研究所附隨之倫理或道德危機。

　　因之，從事生命科技之研發與經營，除應詳細辨識危害因子並作成風險評估外，更應實踐優良之風險管理，而危險控制即是做好風險管理之首要工作。由於危險控制之目的，旨在降低危險發生之頻率及減少危害發生之幅度，管理者為防患未然，自應建構適合時宜之危險控制策略以茲因應。以生命科技產業為例，管理者可依受評估事物之屬性或類別，分別訂定強弱不一之危險控制指標與安全性等級，如經風險評估判定為危險頻率高、危害幅度大之事物，則管理者應立即作成放棄研發、不予量產或避免使用之決定；相反地，如經風險評估判定為危險頻率低、危害幅度小之事物，則管理者自得依其安全等第嚴明產品標示責任及自承風險後果，以利社會大眾作成自主知情之決定[34]。

　　至於對於經風險評估判定為危險頻率高、危害幅度小之事物，管理者則應跳脫風險管理之思維，針對此項事物儘速訂立特別管制方案或措施，以減少使用此項低安全等第事物所衍生幾乎可得預期之損失；而對於經風險評估判定為危險頻率低、危害

---

[34] 例如為預防生物安全實驗室工作人員意外曝露或預防洩漏感染性生物材料，生物安全實驗室應實施系列安全防護措施。依據傳染病防治法第34條第1項規定：「中央主管機關對持有、使用感染性生物材料者，應依危險程度之高低，建立分級管理制度。」

依據感染性生物材料管理辦法第2條第6款及第6條規定：生物安全實驗室，依其操作規範、屏障與安全設備及設施，分為四個生物安全等級（Biosafety level）；其等級及操作之感染性生物材料如下：一、第一等級（BSL-1）：不會造成人類疾病者；二、第二等級（BSL-2）：造成人類疾病者；三、第三等級（BSL-3）（P3）：造成人類嚴重或潛在致命疾病者；四、第四等級（BSL-4）（P4）：造成人類嚴重致命疾病且無疫苗或治療方法者。

目前我國P4實驗室設有二所，分別於國防醫學院預防醫學研究所及衛生福利部檢驗及疫苗研製中心（昆陽實驗室）。

幅度大之事物，管理者對於生產者違失行為除應明定其法定法律責任外，在使用者方面，管理者亦應建立強制性損失保險機制，以大樹法則分散廣大群眾所可能遭受非預期性意外損失之風險。

第四項　基因專利

　　生命體及其基因組成，以及基因研究衍生之生物學應用技術，是否可成為申請專利保護之標的，始終為科學家及生技產業經營者所一致關切之焦點。理論上，生命體所擁有的染色體基因序列，只不過是一連串自然生成帶有遺傳信息的雙螺旋狀蛋白質物質而已，由於非屬人類精神或雙手所創造之產物，故非專利法律所寄予保護之客體。

　　但是，由於人類對於基因之認識與研究所衍生與發展的各種生命技術，例如轉基因工程、基因串接、重組或剪輯等基因技術，將使人類有能力掌握自然，能夠隨心所欲地改造生命現象，且透過人為的操縱改變各種生命體之遺傳性狀與密碼，進而取代大地母親而能自由自在地駕馭大自然。若此，從務實面觀察，生命技術不僅將使生物學之研發提升至社會安全及國家安全之層次，同時其研發成果更代表了巨大且無可限量之社會及經濟效益。

　　有鑑於此，世界科技先進國家或地區莫不卯足全力，除投入大量國家及社會資源，在醫療、製藥、農業，甚而能源、環保等各個相關領域競相研發生命技術，企圖掌握先機，拔得頭籌，在國際間取得先占地位，以主導生命技術脈動、綜攬龐大商業利益外，且經由專利保障法制之建構，以鼓勵生命科技之投入與創

新，進而確保基因等生物應用技術之不斷進步與永續發展[35]。

然而，專利制度固然係為保障發明與創新而設，但就長遠觀察，基因及衍生應用技術之專利所造成生物學資源之專有與壟斷，亦將不免對於未來生命科技之研發與資源投入意願形成阻礙。因此，如何在現時專利保障與未來永續發展二大價值之間取得平衡點，乃成為各國政府亟待面對的問題。

以美國為例，基因及衍生應用技術專利之爭議，應自Diamond v. Chakrabarty 一案開始談起[36]。美國法典第35編第101條規定，「任何人發明或發現任何新穎且實用之程序、機器、製造物或組成物質，或其新穎且實用之改良，得因此獲得專利」。1972年，任職通用電器公司的微生物學家Ananda M. Chakrabarty研發出一種能分解原油的單細胞假菌體（Pseudomonas bacteria），並且向美國專利商標局提出專利申請，其專利申請書聲明本發明可清理海上浮油。

依據前揭規定，商標專利局駁回假菌體為專利標的之申請，其理由有二，第一，所申請微生物為自然產物（product of nature）；第二，所申請標的為生命體（living organism），故非美國專利法第101條所定可專利標的，為專利不適格。Chakrabarty不服，向美國關稅及專利上訴法院提起上訴獲得勝訴，該假菌體經上訴法院認定屬於可專利標的。商標專利局不服，上訴美國聯邦最高法院。

---

[35] 參閱徐松林，關於基因專利若干問題的法律思考，科技進步與對策，2003年11月，頁111-113。

[36] 參照447 U.S. 303 (1980)。

　　美國聯邦最高法院針對「活的人造微生物是否屬於專利法第101條所定可專利標的」之爭點進行論辯，最終作成維持關稅及專利上訴法院專利適格之判決。聯邦最高法院表示，自然法則（laws of nature）、物理現象（physical phenomena）與抽象概念（abstract ideas）皆非專利標的，但在Chakrabarty申請專利之假菌體中含有二種以上能量製造質體，由於其不具自然形成之特質，故該種菌體即屬美國專利法第101條所定之製造物或組成物質，為具可專利性之申請標的。本案標的不是自然形成之製造物或組成物質，而是一項人類智慧所創造之產物，有關專利申請所應記載之名稱、特性與用途等亦已完備。

　　聯邦最高法院於1980年關於上述案件之見解，開啟美國生命體基因及衍生生物學技術專利之先河，對於上世紀末及本世紀初全球生命科技及有關生技產業之發展貢獻卓著，尤其在基因串接、重組及改造技術等方面，更成功地促使生命體基因專利申請數量以幾何級數倍增，且直接或間接地促進醫療製藥等生技產業之蓬勃發展。然而，人類基因及其定序是否屬於可專利標的，則仍有疑義，各界論述始終未成定論。

　　基本上，存在於生命體細胞內染色體DNA所自然形成之基因片段及其序列屬於自然產物，不能成為專利申請之標的，已為定論。但是，在人類基因體近3萬組基因中，仍有許多基因獲得美國政府之專利許可，其受專利保護之標的究竟為何，應予澄清。在Association for Molecular Pathology v. Myriad Genetics, Inc.一案，美國聯邦最高法院針對「人類基因或DNA序列是否具備美國專利法所定專利標的適格」之爭點，重申人類基因為自然

產物，不具備專利標的之適格地位[37]。

　　聯邦最高法院表示，Myriad雖係發現和定序人類基因片段BRCA1和BRCA2之公司，但因其未創造任何人為產物，故仍不得申請對於天然形成人類基因之專利保護。同時，該公司利用生物學技術，自原屬基因體分離而取得之分離DNA，亦不得申請專利保護。然而，經人工合成之互補DNA（complementary DNA, cDNA），由於其非屬自然形成之產物，故與天然之DNA片段或分離DNA不同，應屬可受專利保護之適格標的[38]。基因專利涉及生物資源之壟斷與共享，如何使產業經營與公共利益兼籌並顧，決策者在分寸之間應謹慎拿捏。

---

[37] 參照569 U.S. 576 (2013)。

[38] 染色體DNA呈現雙螺旋狀結構，分別為模板DNA（template DNA）與互補DNA（cDNA），二者具有相同之外顯子（exons）。經由轉錄過程，細胞利用信息RNA（messenger RNA）所攜帶基因信息合成蛋白質。科學家從mRNA經由反轉錄過程製造與模板DNA互補之cDNA，其雖與自然形成之模板DNA具有相同之外顯子，但因屬人工合成，具備專利適格。

第三章
醫療人權與醫學

　　生物技術於醫療方面之應用甚爲廣泛，如前所述，至於醫療人權則係針對任何與醫治行爲之發展、管理、施作息息相關之自由與權利，以及係因認同關於人本價值及人性尊嚴之維護與保障而衍生。爲實現病人醫療人權，醫療行爲結合生物技術治癒人類疾病，並藉由醫療照護延長病人生命、減緩病人痛苦或維護其身心健康。但如於踐履醫療行爲之過程中，包括醫事人員在內之有關人員如有違反人性尊嚴或人權價值之情事，則將不免遭受法律及倫理規範之責難。

　　惟醫療人權之意涵，除應直指病人之受治權益外，是否亦應涵蓋實施及提供醫療服務之所有人員之人權，且其範圍如何，則不無疑義。甚且，如何於國內法制建構醫療人權保障體系，且尋求醫學與醫療權保障之平衡與調和，則是生物技術應用於醫療發展之重要課題。

　　二十一世紀醫學多元化及多樣化之發展，已將傳統醫療行爲及程序導入一個前所未有的空前境界。在傳統上醫學、醫療分進合擊推動醫術發展之模式緩不濟急，似乎已無法因應近代科技整合之趨勢；醫師、病人地位懸殊單向指令之關係亦不合時宜，已無法滿足現代醫療行爲之要求。醫學科技之創新與醫療行爲之變革，更使得醫療機構積極思考與政府及醫學研究和學術單位結合之可行性。如此，醫事人員實施醫療行爲不逾分際，以確保病人獲得完善醫療服務及求治權益，乃成爲維護人權及實現醫療權所不可忽視的關鍵指標。

第一節　醫學與醫療

第一項　醫學權

　　醫學之意涵，應係指研究健康照護及疾病治療等知識、理論及應用之科學[39]。由於人權保障已成為現今大多數民主國家所共同遵循之普世理念與價值，現代醫學發展之目的與宗旨自應以提升人類生命與尊重人性尊嚴為依歸[40]。因此，醫學不僅是自然科學領域內的一項範疇，同時更具有公益科學的性質。醫師與科學家應站在人權保障的立場研究醫學知識及其應用技術，並將其科學探知成果，經由法律和社會安全體系提供給全體民眾分享。

　　從而，科學家探求醫學知識之自由與人民獲取醫學知識之權利，自應具體落實於醫學權（right to medical science）的完整概念之中。就醫事科學家而言，醫學權概念應包含現代民主國家憲法多所明文保障之言論及表意自由、未經檢查傳遞醫學研究成果之權利、遷徙與旅行之自由，以及包括參與醫學會議在內之集會結社自由與權利等。

　　相對來說，基於國際法所體現人權保障之精神及價值而言，社會一般民眾之醫學權概念則應包含平等分享和接近醫學研究成果之自由，以及使用和取得一切與醫學有關資訊之權利。為建構完整醫學權保障體系，國家則有維護、發展與傳播醫學知識、保障醫學發展所需個人或集體自由，以及促進國際醫學知識

---

[39] 參閱Dictionary.com。

[40] 參閱邱清華，醫療人權在台灣：現況與發展，醫事法學，16卷2期，2009年5月，頁4。

移動、聯絡與合作之義務。

　　基於醫學權在國際社會的實踐備受重視，全球醫學之發展可謂一日千里，其所涉及之領域已不再侷限於為維護人類生命而與疾病治療和健康照護有關的自然科學知識之探索，舉凡為促進人類生存及發展所作推動醫學資源和平共享、建立社會醫療體系及尋求國際合作空間等社會科學方面之努力亦不遑多讓，致使任何人本於對醫學資源之需要與使用所衍生的醫療權（right to medical care），已儼然成為一項經世界人權宣言所肯認之基本人權之一，其重要性不容忽視[41]。

第二項　醫療人權

　　拉丁文尊嚴（*dignitas; dingus*）一詞即有值得（worth; worthy）之意，除具有高尚、榮譽、尊榮、高貴等意涵外，並兼具優越及善德之概念。依據早期哲學家的看法，人性尊嚴僅有如天使等至高的真人或全人方可享有，而一般人並不具備此項特質。但後世的法哲學家康德則提出凡人必應受尊重之論點，認為無論是否為真人、全人或一般人，每人均享有尊嚴，故應受到相同之尊重。依據凡人必應受尊重理論，基於共同遵循之道德及保障生命之道德法則，所有人或至少是所有合理人，無論其是否確實展現任何優越的成就或地位，均值得被他人尊重。

　　基此，世界上任何存在的人類均擁有相同等級的人性尊嚴，不因個人特質的差異而在受他人尊重的程度上享有不同的等

---

[41]　參閱1948世界人權宣言（Universal Declaration of Human Rights of 1948）第25條規定。

第。人性尊嚴是個人或團體展現自我尊重、自我價值、身心正直及自我主宰之表徵，是一項與生俱來不可讓渡的權利，且非僅是一項經國家或神祇所特別賜下的特權而已。世界上任何國家均不得因種族、膚色、國籍、性別、語言、宗族、宗教或其他任何差異，任意否決任何人所應享有人性尊嚴之地位或資格。

人性尊嚴既爲國際法上居於上位之人權概念，各個國際組織所肯認之其他重要人權和各國憲法所肯定之各種基本權利，自然無可避免地均直接或間接淵源於此項自人類尊嚴所泉湧而出的人權概念。由是，在聯合國世界人權宣言所推動提升之新興醫療人權概念之中，有關其內涵及保障主軸之探討，自應從人性尊嚴的角度出發。

一般而言，醫療人權（medical human rights）之意義，應係指任何與將醫學知識廣泛應用於以醫療爲主要目的之作爲、管理、傳承、散播、發展等事項有關之各類人員之人本價值、人性尊嚴及其保障體制而言。其保障範疇除應以病人人權爲主要者外，整體而言並應涵攝醫師人權、醫事人權（如護理師人權、藥劑師人權、照護員人權、醫事檢驗員人權）、醫政人員人權，以及病人親屬或家屬人權等[42]。

質言之，醫療行爲雖能結合醫學科技治療人類疾病，且藉由

42 參照醫療法第10條：「本法所稱醫事人員，係指領有中央主管機關核發之醫師、藥師、護理師、物理治療師、職能治療師、醫事檢驗師、醫事放射師、營養師、助產師、臨床心理師、諮商心理師、呼吸治療師、語言治療師、聽力師、牙體技術師、驗光師、藥劑生、護士、助產士、物理治療生、職能治療生、醫事檢驗生、醫事放射士、牙體技術生、驗光生及其他醫事專門職業證書之人員。本法所稱醫師，係指醫師法所稱之醫師、中醫師及牙醫師。」

醫療照護延長病人生命、減緩病人痛苦及促進病人健康。惟如於踐履醫治病人有關醫療行為之過程中發生戕害醫生、醫事和醫政等有關人員身心靈尊嚴與健全之情形，致有違反普世認同之人性價值或其所衍生有關在醫生、醫事和醫政人員一端之醫療人權或有違反之虞時，則戕害者除應受到相關專業倫理規範之拘束外，亦應受到在道德上及法律上適當之譴責與制裁。

　　由於在國際社會及重要人權組織的大力推動下，醫療人權的議題已漸漸受到各界的重視，其所涉及的內容相當廣泛，舉凡健保費的大幅調升、健保卡的個人資訊、醫病關係的互信機制、診療病歷的資訊公開、精神病人的強制治療、醫療糾紛的責任歸屬、醫事人員的超時工作、醫護人員的人身安全，以及監所受刑人的保外就醫等權益，均屬現今與醫療人權有關之熱門話題[43]。至於如何針對醫療人權所體現人性尊嚴之價值，建構一套健全完整而有效的保障體系，且該保障體系究應以憲法、法律、國家命令、地方法規，抑或以各種專業倫理規範為基礎，則是在熱烈討論上述議題後所應冷靜思考的問題。

第二節　醫療權

第一項　廣義醫療權

　　由於醫療權（medical rights）概念在架構上頗具延展性，其

---

[43] 參閱白美芸，醫療人權無國界——歐洲健康論壇（European Health Forum）對推展我國醫療人權改革工作的啟示，應用倫理研究通報，21期，2002年1月，頁41-44。

適當意涵究竟為何仍莫衷一是，端視各國醫療發展現況及社會經濟情勢等因素而有所不同[44]。參考美國聯邦最高法院對於下列各種基本權利之肯認，醫療權之概念可大致著眼於下列數個面向，第一個面向是人民得對於其自身健康作出選擇之隱私權，第二個面向是人民得拒絕維持其生命所需呼吸器及營養供應器之自主權，第三個面向則是人民得對於其身體作成積極決定之實體性與程序性權利[45]。

　　大體言之，基於醫學係為提供人類身心最佳健康狀態之目的而發展之面向觀察，醫療權之意涵應與人民所享有之健康權（right to health）內涵相近，是為廣義的醫療權概念[46]。

　　依據世界衛生組織（WHO）章程前言所闡述之論點，健康權為國際法上所肯定之人權，其意涵應係指任何人均可享有在身體上及心理上獲致包括接近一切醫事服務、衛生、適宜食物、合宜住居、健康工作情況及清潔環境等現時最高認可標準（the highest attainable standard）之權利。依此，醫療權之存在，即在確保任何人均可享有政府所提供最高品質健康福利體系之保障[47]。

---

[44] 參閱吳全峰、黃文鴻，論醫療人權之發展與權利體系，月旦法學雜誌，148期，2007年9月，頁128-132。

[45] 參見Roe v. Wade, 410 U.S. 113 (1973); Cruzan v. Director, Missouri Department of Health, 497 U.S. 261 (1990); Gonzales v. Oregon, 546 U.S. 243 (2006)。

[46] 參閱1946世界衛生組織章程（Constitution of the World Health Organization）前言。

[47] 關於國際條約對於健康人權（Human Right to Health）之保障，參閱1948世界人權宣言第25條、1948美洲人民權利義務宣言（American Declaration on Rights and Duties of Man）第11條、1966國際人權公約經濟社會與文化協定

　　正如1966年美國國會全民健康計畫法案（Comprehensive Health Planning Act）之前言所述，本法案之目的，乃在提升和確保全體國民最高層級認可標準之健康[48]。惟醫療權如以健康權為範疇，則顯然過於抽象。人民確可透過國家健康保險體系免費或以低額保費接近健康照護及醫療機構，但除非遇有緊急診治必要或受有政府監護之情事，否則一般人民仍無法僅依健康權之概念，依法主張其有取得醫療機構完善及最高認可標準醫事服務之權利。此一結果，充其量只是使部分無健康保險者取得參加全民健康保險之機會，而讓政府在關於促進全民健康權方面有關政策的努力和成績單上聊備一格而已[49]。

第二項　狹義醫療權

　　進一步言之，如基於醫學係為提供人類健康照護及疾病治療

第12條、1969消除任何形式種族歧視公約（Convention on the Elimination of All Forms of Racial Discrimination）第5條、1979消除任何形式婦女歧視公約（Convention on the Elimination of All Forms of Discrimination Against Women）第12條及第14條、1989兒童權利公約（Convention on the Rights of the Child）第24條、2008殘障者權利公約（Convention on the Rights of Persons with Disabilities）第25條等規定。

[48] 司法院釋字第785號解釋理由書關於健康權略謂：憲法所保障之健康權，旨在保障人民生理及心理機能之完整性，不受任何侵害。國家於涉及健康權之法律制度形成上，負有最低限度之保障義務，於形成相關法律制度時，應符合對相關人民健康權最低限度之保護要求。凡屬涉及健康權之事項，其相關法制設計不符健康權最低限度之保護要求者，即為憲法所不許。

上述解釋著重人民最低限度健康權之保護，與世界衛生組織及前揭美國法制著眼於國民最高認可標準健康權之確保，在保障旨趣上略有差異。

[49] 參閱John Z. Ayanian et al., *Unmet Health Needs of Uninsured Adults in the United States*, 284 JAMA 2061 (2000)。

之目的而發展的面向觀察，醫療權之意義則應係指人民所享有之健康照護權（right to health care）及醫治權（right to medical treatment）等兩種權利內涵而言，是為狹義的醫療權概念。就人權保障之立場出發，國際社會業已肯定任何人均享有取得其所需要健康照護之權利。

從而，健康照護權應係指任何人均享有向政府請求接近所需醫院、診所、醫藥及醫事服務等現時最高認可標準醫療設施之權利。政府不僅應隨時、隨地、隨需提供人民所需要的適當健康照護設施，且其所建構之健康照護體系至少應滿足醫療人權保障的四項基本要求，亦即該體系及其所屬機構至少應具備可接近性、可取用性、可接受性及良好品質等四項關鍵性基準[50]。

任何人接近健康照護服務之權利，政府應給予法律上的平等保障，不得因其健康、種族、年齡、性別、身心障礙、宗教、國籍、所得、社會地位或其他任何差異而有差別對待。健康照護設施之運作及其相關信息應力求公開透明，冀使民眾可因而具備充分認知與資訊，並依據其自主決定獲致健全及完善之醫療權益保障和取得最高水平之健康照護服務。

此外，對於健康照護機構所作成與民眾健康問題息息相關之決定及關於健康照護服務之執行等事項，政府應尊重民眾及有關利益團體積極參與對話、討論及公開辯論之權益。政府及公私立健康照護機構應藉由現行有效法令、規章、專業準則或其他獨立

---

[50] 參閱Stephen P. Marks, *Human Rights Assumptions of Restrictive and Permissive Approaches to Human Reproductive Cloning*, 6.1 HEALTH AND HUMAN RIGHT 81, 92-93 (2002)。

監管機制等各方面之力量，確實肩負起保障人民健康照護權利之重責大任[51]。

時至今日，健康照護權已躍升爲國際法上所肯認的基本人權事項，應無疑義。惟人民接近醫院、診所、醫藥及醫事服務等醫療設施之向度及強度，除非係在採行公醫制度之國家，龐大醫療成本及費用可完全由政府負擔，否則終將取決於人民之所得水準及債務償付能力[52]。縱使政府爲擴大保障民眾接近醫療設施權益而建立社會或全民健康保險體系，但在面對歲入短缺及預算緊縮等窘境時，則常使得政府對於有關投注足夠公共基金以減輕人民負擔之方案裹足不前。

因此，以人民對於醫療設施之接近權保障爲主軸之健康照護權，是否業經各國法制內化爲本國憲法之內涵而屬憲法本身應予優先保障之基本權利，或因各國在社會傳統價值上或在國家歷史認知上認爲其未具基本重要性或不足以表彰人性尊嚴，而僅屬須留由相關法律或命令予以層級化保障之權利或利益，則不無疑問，尚應就各國社會經濟政治及文化條件或情勢持續觀察。

相對而言，醫治權則係指任何人均享有取得符合現時最高認可標準醫療服務之權利，與健康照護權是著重於保障人民接近醫療設施之權益不同，醫治權乃置重點於保障人民在醫療設施內之權益，例如基於隱私權之保障及對於身體自主決定權益之尊

---

[51] 參閱http://academic.udayton.edu/health/07HumanRights/health.htm (last visited on 18 February 2015)。

[52] 參閱George J. Annas, Patient's Rights, The Right of Patients 1-27 (New York University Press, 3rd ed., 2004)。

重，人民享有選擇醫療方式、拒絕使用維生器材或選擇放棄治療等之權利者是。以美國法制爲例，美國聯邦最高法院在歷次判決中曾表示，由於醫療選擇自由對於個人身體自主決定權益之完整性具有基本重要性，故屬人民基本權利事項之內涵，其蘊涵於憲法權利法案的精神與架構之中，應受憲法實體性正當程序之保障[53]。

惟醫治權縱如美國聯邦最高法院所肯認屬憲法應優先保障之基本權利之一，但與憲法保障其他基本權利相同，究非個人之絕對性權利，其行使仍須權衡該權利所得體現之個人利益與現時存在之優勢性國家利益，只有在取得個人利益之價值明顯更甚於維持國家利益之價值時，該項基本權利始得正當行使之。

例如，美國聯邦最高法院曾否決密蘇里州最高法院所爲同意父母親可基於拒絕醫治權，爲植物人子女拔除維持生命所需水分及營養設施之決定，認爲病人目前雖因身陷植物人狀態而屬無行爲能力之人，但父母所爲決定並無明顯及充分證據顯示將與植物人子女在完全行爲能力狀態下所爲決定相同。

由於拒絕醫治之權利專屬於病人本人而非其親屬或其他特定朋友，除非病人確有生前遺囑或預立醫囑可資執行，否則任何人縱使具有直系血親尊卑親屬身分，亦無適當地位或資格代爲他人表達接受或拒絕醫治之意願。在此，國家實現維護個人生命尊嚴與安寧之公共利益，顯然較植物人父母親代行醫治權之私人利益更爲優勢，法院自應拒絕父母親代行醫治權之請求[54]。

---

[53] 參閱Roe v. Wade, 410 U.S. 113 (1973)。

[54] 參閱Cruzan v. Director, Missouri Department of Health, 497 U.S. 261 (1990)。

　　醫治權雖屬人權保障理論所定位具有積極性及社會性之權利，但其內涵將因科學及醫學之發展，與人類福祉之重視及發達而與日俱增[55]。醫治權之爭議及討論不僅常因個案情形之差異而有南轅北轍之結論，且其觸角亦往往涉及宗教、道德、哲學和醫療知識及應用等方面之問題，故有關醫治權之完整意涵究竟為何，則仍須仰賴醫學領域科學家及專業人員結合醫療行為之實現，透過相關法令之制定及有關司法解釋或判決意見之補充，其內容究竟為何始可再作進一步的釐清。

第三節　醫治權

第一項　醫療行為

　　病人因疾病或健康問題前往醫院或醫療機構尋求診治，醫院或醫療機構因應病人請求對於病人身心情況行使醫療行為，進而形成醫病關係（doctor-patient relationship）。為維護病人於醫師及醫院或醫療機構行使醫療行為時所衍生之權益，前述醫治權之概念乃應運而生。惟病人尋求醫治之目的，乃在使醫院或醫療機構對其行使醫療行為。因此，病人醫治權之落實與確保，應以醫療行為是否業經妥慎行使為前提。

　　關於醫療行為之意義與範疇，醫學界、醫政單位及法務部門等各方面仍存在諸多分歧的看法，但大體而言，行政院前衛生署基於醫政管理上之需要，藉由歷次行政解釋對於醫療行為所為之

---

[55] 參閱溫錦堂，醫療權的法律觀，醫事法學，2卷1、2、3期合訂本，1987年 1-6月，頁148。

闡述，其內容相當明確，足以作爲本書編著之參考。依據行政院前衛生署之解釋，醫療行爲應係指以治療、矯正或預防人體疾病、傷害、殘缺爲目的所爲的診察、診斷及治療，或基於診察、診斷之結果，以治療爲目的所爲的處方、用藥、施術或處置等行爲的全部或一部的總稱[56]。

至於基因治療則係利用分子生物技術，將特定的基因導入病人體內，以檢測標的基因組或造成標的基因重組，以達成診斷、治療或預防人類疾病之目的，自亦屬醫療行爲之範疇，應無疑義。基於上述定義，凡非以治療疾病、矯正或預防疾病、殘缺爲目的之行爲，即非屬醫療行爲[57]。例如，個人爲追求容貌或形體完美所進行之整型手術，即可能因其施作目的而被健保單位歸屬爲非醫療行爲是。

依據我國醫療相關法規，醫療行爲，包括診斷、處方、手術、麻醉及病歷記載等，均應由合格醫師親自爲之。其他醫事人員從事醫療輔助行爲，亦應在醫師指示之下爲之。是故，醫師乃爲醫療行爲之主要推手及靈魂人物，與病人權益息息相關。醫療行爲雖能結合醫學科技治癒人類疾病，並藉由醫療照護延長病人生命、減緩病人痛苦或維護病人身心健康，但爲確保醫療品質及病人就醫診療之權益可受到醫師、醫療機構及醫事人員完整之呵護與照顧，醫療行爲應結合醫術、醫德與法律三者之具體實

---

[56] 參閱81年8月11日衛署醫字第8156514號函、91年2月8日衛食字第091002479號函、91年8月27日衛署醫字第0910047110號函。

[57] 參閱郭吉助，論醫事法律上之醫療行爲——由法制面談起，法務通訊，2379期，2008年2月28日。

踐，始屬完整。

　　是故，任何人於踐履醫療行為之過程中如有涉及違反病人人性尊嚴或醫療人權等共通價值之情事時，有關人員除將受到相關專業同儕團體專業倫理規範之規勸、譴責或懲戒外，亦將不免面對社會責難而受到在道德上及在法律上應有之評價與制裁。

第二項　病人權

　　醫療行為既係以體現及落實關於病人之人權價值為核心，亦即以實現病人之醫療福祉為目的，包括維繫生命、促進健康、緩解痛苦及治療疾病等，惟病人權（rights of patients）之意涵究竟為何，則仍待釐清。簡言之，所謂病人權，應係指請求接受醫治者之權益而言。在傳統上，病人權之概念卻著重於醫師之責任，強調醫師應盡其所能為病人提供最完善的醫療服務，且為病人作成其所確信對於病人最有利的所有決定[58]。病人的生命、未來與幸福，儼然將完全託付在醫生的手裡。

　　但此種自古典希波克拉誓詞（Hippocratic Oath）所展現父權式思維之醫病關係，已漸漸為近代病人自主思潮所取代[59]。提倡病人自主之論述常引用美國聯邦最高法院前大法官卡多索對於自主決定權所作的闡述，認為每位心智完整的成年人應有對自己身體作成做什麼或不做什麼的決定之權利，故在醫治過程中，病

---

[58] 參閱李進建，論醫療行為之告知說明義務，銘傳大學法學論叢，20期，2013年12月，頁25、31-32。

[59] 參閱 ROBERT M. VEATCH, THE BASICS OF BIOETHICS 12-19 (Routledge Taylor & Francis Group, 3rd ed., 2012)。

人與醫生應共同分享作成決定之權責[60]。病人除可在若干醫治途徑中取得選擇特定醫治方式之機會外,同時亦可拒絕醫生所提供但為病人所不歡迎的治療。除非醫師對於病人負有重大且足以抗衡的義務,否則醫師應尊重病人個人所作成之決定[61]。

雖然醫治途徑的選擇往往涉及病人個人的好惡及價值觀,而非完全出自客觀的考量,但基於對人性尊嚴之重視,個人依其價值判斷自行作成決定之自由仍應受到肯認[62]。近年來若干法院亦逐漸採納上述觀點,例如對於在傷害案件中之專家證言,法院認為只要醫師接觸病人時已逾越病人所同意之範圍,則其所為證詞即無法成為直接證據[63]。從而,醫病關係之意義已有所改變,與數十年前之概念大相逕庭。

基於病人之自主決定權,病人權應以下列權利內容為核心,亦即包括知情同意及自主決定之權利、接受治療及拒絕治療之權利、接受及轉移緊急救治與醫療設施之權利,以及維護

---

[60] 參閱Schloendorff v. New York Hospital, 211 N.Y. 125,127, 129; 105 N.E. 92, 93(1914)。

[61] 參照病人自主權利法第4條規定:「病人對於病情、醫療選項及各選項之可能成效與風險預後,有知情之權利。對於醫師提供之醫療選項,有選擇與決定之權利。病人之法定代理人、配偶、親屬、醫療委任代理人或與病人有特別密切關係之人(以下統稱關係人),不得妨礙醫療機構或醫師依病人就醫療選項決定之作為。」

[62] 參閱*Guidelines on the Termination on Life-sustaining Treatment and the Care of the Dying: A Report by the Hastings Center*, Briarcliff Manor, N.Y.: Hasting Center, 1987。

[63] 參閱 Perry v. Shaw, 88 Cal. App. 4th 658, 106 Cal Rptr.2d 70 (2001); Montgomery v. Bazez-Sehgal, 568 Pa. 574, 598 A.2d 742 (2002)。

隱私及尊嚴對待之權利等[64]。而上述各項核心權利之中，又以病人知情同意（informed consent）及自主決定（autonomous determination）之權利最爲首要[65]。

據此，只要是任何將採取之治療或程序有其風險，醫師均應

[64] 參閱章樂綺、邱清華，病人困境與醫療人權，醫事法學，12卷3、4期合訂本，2004年12月，頁8-15。依據前揭論文所載，台北市民就醫權益宣言所指之病人權，包括知悉權、決定權、平等權、隱私權及申訴權等；香港醫院管理局病人約章所指之病人權，則包括醫治權、知悉權、決定權、隱私權及申訴權等，其內涵甚爲相近。在此所謂病人之申訴權，應係指病人對於醫療服務有提請解惑、提出建議、釋放情緒及表達感佩之渠道或機會而言，尚非行政意涵上有關對於行政措施違法或不當所爲申訴之權。

[65] 美國醫院協會（American Hospital Association）於1973年針對病人權保障，參酌美國憲法人權法案模式，起草病人權法案共計12條，期待成爲醫療院所及各類醫療設施保障病人基本權之根本大法。就其初始法案概括臚列如下：
1. 病人有受照料及被尊重之權利。
2. 病人有取得可合理期待醫生所提供關於診斷、醫治及評估等完整及現時資訊之權利。
3. 病人於任何程序及診治開始前有獲得醫生提供作成知情同意所必要資訊之權利。
4. 病人於法律規定範圍內有拒絕接受治療及被告知醫療行爲後果之權利。
5. 病人有受到關於其醫療計畫隱私完整考量之權利。
6. 病人有期待一切涉及其醫護之溝通及紀錄應予保密之權利。
7. 病人有期待醫院在其能力範圍內須合理回應病人服務需求之權利。
8. 病人有獲得關於照護與醫院有關係之醫療照護及教育機構所有資訊之權利。
9. 於醫院計畫從事或執行影響照護或治療之人類實驗時，病人有接受諮詢之權利。
10. 病人有期待合理接受持續照護之權利。
11. 無論付款來源，病人有查核及獲得單據說明之權利。
12. 病人有知悉其行爲所適用醫院規則及規定之權利。
美國醫療協會（American Medical Association）亦聲援病人權法制化之呼籲。參閱Sheryl Gay Stolberg, Lobbyists on Both Sides Duel in Malpractice Debate, *New York Times*, March 12, 2003, A19。

在病人作成是否實施之決定前提供適當之資訊。除非取得病人在完整精神意識下所爲自主且全然認知之同意決定，否則醫師不得開始接觸或治療病人[66]。對於有關提供病人醫療方面信息的範圍究竟爲何，各界說法縱屬不一，但認爲應無所保留儘量公開醫療信息予病人之看法，則爲多數論者所認同[67]。

病人應本於完整認知且依其自由意志，作成關於自己身體在醫療上同意與否之決定，始屬學理肯認之知情決定（informed choice）。爲使病人能夠作成關於自己健康照護之知情決定，醫師和醫療機構應以簡潔明確且爲病人所能理解之通俗用語，說明所有將採取和可能採取之治療方法、所有合理之替代方案、選擇不接受任何治療之後果、伴隨每一種治療方法或替代方案之死亡或嚴重併發症風險、休養所需之期間和可能發生之困擾或問題、治療後對於正常生活將產生之改變、挫折或影響，以及治癒成功之意義及可能性等。

醫師說明治癒之可能性時，除應參採具公信力及權威性之醫療報告或數據外，亦可加入個人在治療、風險、利益和結果方面之經驗提供病人參考。爲此，醫師亦應提供病人在相同或類似情

---

[66] 參見歐盟歐洲理事會Oviedo 1997 EU Convention for the Protection of Human Rights and Dignity of the Human Being with regard to the Application of Biology and Medicine: Convention on Human Rights and Biomedicine, Article 5: "Any intervention in the health field may only be carried out after the person concerned has given free and informed consent to it. This person shall beforehand be given appropriate information as to the purpose and nature of the intervention as well as on its consequences and risks. The person concerned may freely withdraw consent at any time." (ETS –164, 4 VI, 1997)。

[67] 參閱吳佩芬，醫療品質資訊公開 保障民眾醫療權益，衛生報導，134期，2008年6月，頁24-25。

況下其他醫師通常將會提供予病人之其他相關資訊[68]。

　　為使病人所作同意在法律上具有知情同意之效力，醫療機構所提供之醫療信息除應為病人所能理解且無誤導之情形者外，其內容應作成書面並包括醫療機構所建議之治療途徑或程序、各種醫療途徑之利益及危險、各種替代方案和其利益及危險、未經治療之可能結果、成功之機率和醫師所稱成功之定義、康復之期間及挑戰，以及其他合格醫師在相同情況下所將提供予病人之任何信息等[69]。

　　如在醫療上有關照護或治療之重要替代方案確實存在，則不論病人是否主動請求，每位病人均有獲得該項醫療替代方案資訊之權利。在實施對於病人身體將可能造成缺損或死亡結果之重大醫療行為前，醫師應盡可能滿足病人一切知的權利，唯有取得病人自主與全知之同意和協助病人作成認知與知情之選擇，如此，醫師的醫術與醫德才能獲得在法律上與道德上的肯認與信賴[70]。

　　除保障病人自主決定之權利外，醫師及醫療機構亦應維護病人之尊嚴與隱私。基於人性尊嚴及病人自主，病人對於自己的身體及所有提供醫療、照護、保險等相關服務人員及其他病人之資

[68] 參閱 Marcus Plante, *An Analysis of "Informed Consent"*, 36 Fordham L. Rev. 639 (1968); Marjorie Shultz, *From Informed Consent to Patient Choice: A New Protected Interest*, 95 Yale L.J. 219 (1985)。

[69] 參閱GEORGE J. ANNAS, PATIENT'S RIGHTS, THE RIGHT OF PATIENTS 115-117 (New York University Press, 2004)；並參閱蔡甫昌，從醫病關係談病情告知的倫理，全國律師，10卷8期，2006年8月，頁13-21。

[70] 參閱楊秀儀，溫暖的父權vs.空虛的自主——到底法律要建立什麼樣的醫病關係？，應用倫理研究通訊，21期，2001年1月，頁19-24。

訊，享有關於個人資料及隱私之保障。病人對於關於自己的醫療紀錄所載內容，有閱覽、檢視、改正及複製之權利。非經病人書面同意，任何未直接涉及病人照護或保險之人員均不得接近病人之醫療紀錄。未經病人明示時間、場所及特定資訊之特別授權而任意揭露病人醫療資訊之行為皆屬不法，均應禁止。

為釐明未來可能相關失職責任之歸屬，病人有知悉負責提供醫療服務之醫師及相關醫事人員姓名及通訊方式之權利。如病人本人於醫療過程完全或暫時喪失接受上述資訊之能力，該資訊亦應可隨時隨需提供予經法定或授權可代表或代理病人接受該項資訊之其他適當人員。

為尊重病人自主決定權益，病人除可自行選擇特定治療方式外，亦可拒絕特定或全部治療方案或決定關閉維生器材或設施。同時，病人除有權選擇特定醫護人員實施診療外，亦有拒絕特定醫護人員或健康保險機構進行看診或治療之權利。無論是以診療、研究，或是以教育為出發點，病人有拒絕任何藥物、試驗、程序或治療之權利，但不得因病人接受或拒絕治療、試驗或配合，而獲得或喪失任何在診治及健康照護上之醫療或保險權益。

為避免在完全失能狀態下無法作成任何有效之決定，病人有權自行或委託代理人製作生前醫療決定書（advance decision），言明於將來如不能完整表達關於健康照護之意願時，預行作成將接受或不接受治療或其他維生處理之決定，醫護人員及醫療機構則應在法律所規定之臨床條件下，有尊重及執行

上述預立醫囑之責任與義務[71]。

　　無論是否具備充分經濟償付能力，或是否擁有適當健康及醫療保險，病人處在非立即診治，將有致命、造成重大傷害或形成身體殘廢等緊急情況時，即有接受公私立醫院或醫療機構收治及提供緊急醫療與照護之權利。醫院或醫療機構處理緊急照護病人時，應提供評估、服務及轉診等緊急機制，如在醫療許可之範圍內，病人須經告知並取得關於轉診所需完整資訊與說明，且為轉入醫院或醫療機構所接受，始得轉出至其他醫院或醫療機構。

　　如醫院或醫療機構無關於緊急醫療設施之設置，該醫院或醫療機構則應立即辦理轉診事宜，以協助病人取得適當緊急醫療與照護之機會，尚不得僅因其設備不足而逕行拒絕收治緊急醫療病人，亦不得因病人欠缺經濟能力或未能提出醫療保險證明等，而將病人直接送往其他醫院或醫療機構。

　　甚且，於痊癒辦理出院後，病人亦有期待醫院或醫療機構提供後續醫療服務相關機制之權利，相對而言，醫師則有向病人告知出院後關於回診、追蹤及後續照護等相關資訊之責任。為維護病人隱私，醫師對於病人負有保守秘密之義務，醫師與病人之間

---

71 參照病人自主權利法第8條第1項、第2項：「具完全行為能力之人，得為預立醫療決定，並得隨時以書面撤回或變更之。前項預立醫療決定應包括意願人於第十四條特定臨床條件時，接受或拒絕維持生命治療或人工營養及流體餵養之全部或一部。」同法第14條第1項並規定：「病人符合下列臨床條件之一，且有預立醫療決定者，醫療機構或醫師得依其預立醫療決定終止、撤除或不施行維持生命治療或人工營養及流體餵養之全部或一部：一、末期病人。二、處於不可逆轉之昏迷狀況。三、永久植物人狀態。四、極重度失智。五、其他經中央主管機關公告之病人疾病狀況或痛苦難以忍受、疾病無法治癒且依當時醫療水準無其他合適解決方法之情形。」

為提供醫療照護所傳遞有關病人個人及身體之資訊，醫師及其他有關醫事人員均不得任意公開之。

醫生與病人之間對於病情之所有溝通、討論、諮詢、檢查、診斷及治療，除應慎重行使外，亦應保密。任何未直接涉及或參與上述照護過程之個人或機構，非經病人之允許，均不得在場。於上述照護過程結束後，病人有權保有及檢視在其病歷中之所有信息，非經病人書面之授權，任何人或機構均不得自行接近其病歷[72]。

為實現病人尊嚴，無論種族、宗教、文化、宗族、性別、性取向、國籍、身障、年齡、社會經濟地位、付款來源或其他任何形式之差異，所有病人應一視同仁，均獲得醫療機構及人員相同及對等尊嚴之待遇。值得注意者，病人權的主體應以自然人為限，惟既稱為病人，其身心狀態必受制於某些疾病或病痛，其病徵輕微者尚可言語、行動，自行主張病人權應無問題。但如遇病徵嚴重時，則病人是否確能充分表達言語、行動以善盡其病人權之主張，則不無疑義。

此際，病人之病人權應由何人協助主張或代為主張方屬適當，似有探討之必要。一般而言，配偶可互為雙方之代理人，父母可為其子女之自然代理人，而成年子女亦可為年邁父母之自然代理人，但親屬關係並非決定代理人是否適當之唯一考量。例如父母亦可指定病人之好友、家庭醫師、律師或其他病人信任之人為代理人是。

[72] 參閱陳立愷，病人隱私權及醫療行為之守密義務，台灣法學，165期，2010年12月1日，頁67-72。

　　此外，醫師、護理師、社工師或其他具有相關專業素養且能取得病人充分信賴之人，亦可依據病人自主權利法或其他相關規定，經病人書面同意，成為病人之一般委任代理人或醫療委任代理人。醫療委任代理人有二人以上時，為即時掌握醫療契機，任何一位醫療委任代理人均得單獨代理病人表達醫療意願[73]。但如在病人身旁並無值得信賴的代理人選時，則由健康保險機構指派或選任適當人員為其代理人，亦屬可行。

第四節　保障框架

　　基於國際社會對於人性尊嚴及人類生命之尊重，醫療人權乃以維繫人類永續健康為核心，藉由科學知識之探索及科技應用之發展，在醫學領域上尋求預防、減輕或免除人類疾病及促進人類健康之各種解決途徑及有效機制。然而，醫療權雖於1948年業經世界人權宣言肯認為基本人權之一，具有普世性價值之存在地位，且已為國際社會多數國家及有關組織所認可，但對於其意義及範疇之界定，國際社會及各國所抱持之態度仍有不同，且往往因各國國情及社會、經濟、政治、文化或歷史等情勢之差異，而有南轅北轍的看法。

　　此一窘境，對於醫療人權保障在各國法制下獲得完整實踐方面，確屬不利。有鑑於此，試圖以各種保障法制所依據之基礎及所欲實現之目的為取向，剖析醫療人權經各國法制內化為國內醫療權保障之實證經驗，以及探討各國法制如何連結國際法上業經

73　參照病人自主權利法第10條有關意願人指定醫療委任代理人之規定。

肯認的醫療人權保障原則，自然成為成功建構屬於國內法層次的醫療權保障體系之首要課題。

第一項　基本人權取向

人性尊嚴為國際法上之普世價值，為每一個人與生俱來、至高無上且屬不可讓渡之內在資產與價值，為人類生命、自由、財產等各種權利之根源。國家應以維繫人性尊嚴價值為依歸，自不容許任何人以國家安全或社會秩序為藉口而對人性尊嚴之價值予以貶損。關於人性尊嚴之意義及其落實，業已明定於世界人權宣言第1條及第3條的規定之中。

各國如為具體實踐人性尊嚴在國際法上之核心價值，自得以人性尊嚴理念為基礎，在其國內法制內注入國際人權精神與價值，用以建構可充分保證人民生命、自由及人身安全之完整社會安全體系[74]。茲此，縱使未透過立法程序建置相關法制，涵攝健康權、健康照護權、醫治權、病人權等意義之醫療人權，仍可在相當程度上，經由政府實現諸如社會福利政策及健康保險制度等途徑，受到本國法制關於落實社會安全網保障機制之青睞。

第二項　法律權利取向

國際法所肯認之人權均涉及不同種類的價值與權能，且常反映出人類所處環境與歷史之多樣性。人權不僅可適用於世界上任何一個角落的每一個人，且可印證人類的每一項基本需求。關於維持基本生活有關人權之意義及其落實，業已明定於世界人權宣

---

[74] 參閱1948世界人權宣言第1條、第3條等規定。

言第25條及國際人權公約經濟社會與文化協定第11條及第12條等規定之中。

　　各國如為具體落實每一位人民在國際法上所肯認之生活基本需求，而認為確有在國家法律下予以法制化保障之必要，自得以國際法所強調應維持人類適當生活標準之福利理念為基礎，在其國內法律框架內完整建構可確保人民維持本人及其親屬健康及福祉所需包括食物、衣褥、居住及醫療和必要社會服務等生活標準，以及於失業、疾病、失能、鰥寡、老年和在失控情況喪失生計能力時可延續其生活保障之社會福利體系[75]。

　　基此，國際社會所肯認維持人民生命所需之基本人權縱使可在國家體制下受到法律之保障，惟除非政府願意採行擴大社會福利政策之優惠方案，否則在國家面臨高齡化社會福利措施級數倍增，以及政府基金常須仰賴債臺高築始可取得等問題時，醫療人權只有在那些為基本人權所涵攝，且為維持人民基本生活所需而可享有之健康權、健康照護權、醫治權、病人權等範疇內所概屬之基本醫療人權，始可受到政府相關社會福利法制較周延之保障。那些不屬基本人權概念所涵攝之其他種類與醫療有關之人權，則只能等待政府主動實施德惠福利政策時，始可得到青睞[76]。

75　參閱1948世界人權宣言第25條；1966國際人權公約經濟社會與文化協定第11條、第12條等規定。

76　美國前總統柯林頓於1997年曾任命一個由34位成員組成之健康照護產業消費者保護與品質諮詢委員會（Advisory Commission on Consumer Protection and Quality in the Health Care Industry），試圖明確界定健康照護消費者有關權利，並草擬消費者權利法案提請國會通過立法程序成為聯邦法律。該項權利法案分別從八個關鍵領域擬議消費者健康照護權利，包括資訊揭

第三項　基本權利取向

　　任何一項世界人權如在一個國家之歷史及文化傳承上屬於該國根基之全部或一部，且保障該項人權並不違背該國社會長久以來所公認之傳統價值時，則是項人權得經由該國法律內國化之程序，轉型成為該國憲法架構下所予涵攝保障之基本權利之一，且得與該國本土法律合而為一，進一步深化為在地法律內容之一部分。茲此，經併入本國法律之基本權利，可明文列舉或概括規定於憲法上條文，亦可蘊涵於憲法之精神與架構之中，由憲法解釋機關或法院判決予以闡明。

露、選擇提供者及計畫、接近緊急服務、參與治療決定、尊重與無歧視、健康資訊保密、投訴及申訴，以及消費者義務等。

該委員會所擬議消費者健康照護權利，約可歸納為下列數項：

1. 於任何時間及任何情況獲得正確及易於理解之資訊以作成健康照護知情決定之權利。

2. 選擇足以確保接近適當高品質健康照護之健康照護提供者之權利。

3. 接近緊急健康照護服務之權利。

4. 完整參與所有關於其健康照護之決定之權利和義務。

5. 於任何時間及任何情況接受在健康照護體系中所有成員體貼和尊重之照護之權利。

6. 與健康照護提供者信賴溝通及保守其個人可辨識受保護健康照護資訊之秘密之權利。

7. 採取公平和有效程序解決與其健康計劃、健康照護提供者及其服務機構間歧異之權利。

8. 消費者於保護其健康自行行使之義務。

惟本法案於2003年國會會期雖進行討論但未形成決議，相關健康照護消費者權利及義務因而並未如願成為在法律上應予保障或應予履行之權利或義務。參閱ANNAS, GORGE J., THE RIGHTS OF PATIENTS (Carbondale: Southern Illinois University Press, 3rd ed., 2003)。

　　從而，各國如肯認醫療人權足堪爲本國人民基本權利之一，且認爲取得最高認可標準健康及醫療服務皆屬人民基本權利事項，則爲保證人民具憲法位階之健康權、健康照護權、醫治權和病人權等均可獲得國內最高法律周延之保障，政府自得在其國家法制內建構一套完整之社會保險體系，並以憲法框架爲後盾，實現國家法律對於醫療人權之保證。

　　茲此，有關醫療上之權利，不論其是否爲基本人權所肯認或爲醫療人權所涵攝，爲保證人民得自由享有各種醫療基本權利，只要有關醫療權利不妨害社會秩序或公共利益，且人民行使該類權利足資與政府優勢性利益抗衡，則該類權利均可藉由法律所定強制保險或全民健康保險等社會保險制度，受到憲法制度性之保證[77]。

第四項　人道主義取向

　　那些未能概屬基本人權範疇內之醫療權益縱使未經建構完整法制予以保障，各國亦得經由公民社會意識之介入及普世博愛情操之浮現，建立以人本價值爲核心、人道關懷爲目的之社會扶助體系，期使醫療人權在道德法律化的驅使下，鼓勵人民發揮主動性與自發性熱忱，互相扶持，互助合作，爲國家社會共同建立一個嚴謹且綿密的醫療照護網絡，進而實踐多數醫師及醫護人員信條所揭示「沒有人應該被遺忘」（no one left behind）之承諾與目標[78]。

---

[77] 參閱我國憲法第22條之規定。

[78] 參閱1948年日內瓦世界醫學協會所採用之醫師就職宣言。

　　國家基於人道主義立場結合社會所有可運用資源和力量，使人民能夠獲得完善的醫療照護服務，基此，完備相關法制作為後盾固屬重要，但仍須仰賴整體社會對於完整實現醫療健康人道關懷共識之形成，尤其是醫療人員所主動形塑之醫療照護道德信念與倫理素養，更是病人或有受關懷需求之人士最大的福祉與保障。此種經由團體成員自律方式規範同儕專業素養及行為之模式，乃是專業團體維繫對外服務品質及滿足社會殷切期待的最有效手段，而作為醫療行為靈魂人物之醫師，其專業團體所認可之專業倫理原則，更是醫療人權保障體制所不可或缺之重要規範與信條[79]。

　　經醫師組織或團體共同認可之醫師專業倫理原則大致如下：一、行善原則（Beneficence），醫師應儘可能延長病人生命及減輕病人痛苦；二、誠信原則（Veracity），醫師對於病人應以誠信對待；三、自主原則（Autonomy），醫師應尊重病人關於診療之自主決定；四、不傷害原則（Non-maleficence），醫師應儘可能避免病人承受不必要之身心傷害；五、保密原則（Confidentiality），醫師對於病人病情負有保密義務；六、公義原則（Justice），醫師應基於公平正義合理分配醫療資源[80]。

---

[79] 醫學倫理（medical ethics）為醫師及所有醫事人員專業倫理之核心課題，其係利用道德哲學的理論及研究架構，以探討醫學領域中所有倫理問題的研究，其宗旨乃在解除醫學科技與人性需求的衝突，同時深入了解倫理的內涵與真義，以作為人類深思內省的依據。關於醫事人員、學術研究、醫療機構、醫護體系之專業倫理、執業誓言、宗教關懷、自我認同及權利義務等，均屬醫學倫理研究之範圍。參閱邱永仁，新世紀醫學倫理，台灣醫界，44卷8期，2001年。

[80] 參閱Tom Beauchamp, James Childress, *The Principle of Medical Ethics*, 1979.

　　基於上述醫師專業倫理原則，包括醫師在內之醫事人員即可經由專業團體之自主性同儕自律及自發性組織制約力量，有效約束醫學發展與醫療行為，以濟各層級法律規範之窮，冀使各方面醫療人權更能獲得全方位之照拂與周全之保障。如此，醫療人權概念所關切之各類基本醫療人權，包括健康權、健康照護權、醫治權和病人權，甚至因人類意識及環境變遷所衍生之其他新興醫療人權等，縱使未經各國或其社會形成共識併入國家法律體制予以在憲法上或法律上之保障，但仍得透過人道主義社會扶助體制及社區關懷系統得到應有之重視與基本之實踐。

第四章
克隆技術與人類

　　生物技術是細胞研究的延伸，圍繞生物技術應用於各個層面的問題，長期以來一直受到世界各地哲學家、科學家、倫理學家和其他有關人士廣泛的關注和討論，包括這種新技術的潛在風險和益處等。本章將以現代人類克隆複製技術爲例，並輔以其他先進生命科技之輝煌成果，闡述當代生物技術中重要倫理、道德、宗教、法律與公共政策等議題，這些技術與人類生命、福祉與社會等各類型正義的實現息息相關。

　　一般而言，道德是個人或群體在日常表現上對自己最高德行與利益的期許與嘗試，且道德體系之建構也經常與既存之宗教傳統緊密聯繫。相對言之，倫理除呈現維護群我關係卓越、和諧與精進之道德基礎外，亦經常使用社會共通或較通俗的詞語，正當評價一般而言將會爲個人或群體所抑制或禁止的態度和行爲。由於道德體系傾向於使用諸如對（right）與錯（wrong）、是（true）與非（false）及黑（black）與白（white）等絕對概念判斷事物，而倫理體系則經常使用諸如善（good）與惡（bad）、正（virtuous）與邪（evil）等相對概念評價事物，故後者在本質上往往充滿較多的不確定性和模糊性。

　　生物技術之研發與應用不免附隨諸多有關生命創造、目的、價值與尊重等極爲基本與敏感之議題，尤其在尋求拓展人類複製技術方面更顯得重要。克隆生物技術應用於動物、植物或其他微生物可能係基於各種不同之研發目的而發展，但應用於人類自己身上，其發展則更值得關切與推敲。研究人類複製技術之發展，不外基於下述二大動機，第一個動機是想要人類像其他生物一樣，可經由克隆生物複製技術進行人工生殖及產出後代，而第二個動機則是利用克隆生物複製技術提供醫療資源，如複製新器

官以取代破損的舊器官是。

上述二大動機自然牽動著人類對於克隆技術之無限想像與期待，惟人們對於倫理、宗教和道德等觀點之論述，不免亦已迅速而緊密地投射於包括人類克隆複製在內之所有關於人類生物科學與技術之研發及其應用之正當性（Justification）、永續性（Sustainability）和可接受性（Acceptability）等論述的分析與批判之上，更成為當前受到全球各界關注與重視的重要課題之一。

第一節　倫理觀點

第一項　扮演造物地位

以生物複製技術為例，其倫理議題主要是集中在各界對於人類克隆的對話與辯論。1998年理察·希德（Richard Seed）博士宣稱他將在美國及世界各地設立若干人類克隆診所，以協助不孕夫妻生育子女或讓已逝的親屬獲得重生。他強調人類克隆技術不僅有助於突破各項醫學和醫療技術之瓶頸，同時更能提升全體人類之生活與福祉。然而，希德博士帶有濃厚神秘主義的論述，隨即引發有關人類複製是否逾越某種道德和倫理的界限，以及人類是否真的可以自行扮演上帝或造物者的角色等議題之討論[81]。

一般而言，當科學發展達到某種進程，足以使人類得以前所

---

[81] 參見The California Advisory Committee On Human Cloning, *Cloning Californians?* in Report Of The California Advisory Committee On Human Cloning 31 (2002)。

未有之方式干預大自然的規律和秩序時，自然就會有反對該進程的聲音出現，認爲人類行使保留予造物者的權力是不妥適的。基於前述，藉由生物複製技術製造克隆人的程序，其不論就本體論或就結果論而言，都是屬於錯誤的行爲[82]。

第二項 罔顧人類生命

對於將生物複製技術妥適應用於動物克隆，以滿足食物供應、耕作勞力和其他人類所需之行爲，多數人應該不會抱持反對的立場。爲達成上述重大及有益之目的，人們亦將同意應在科學和醫學實驗中嚴謹控管動物之利用。因此，基於達爾文物競天擇理論的驅使，對於人類把動物當作工具使用之行爲，應在倫理上具有某種程度之可接受性，例如導致桃莉羊誕生的系列實驗即是一例。縱使在桃莉羊誕生前，系列實驗已承受1:277超高的失敗率與作廢率，只要進行研究之目的確屬重大與重要，則生物複製技術應用於動物克隆的行爲將不會引起重大的倫理疑慮。然而，人類複製技術之應用則不能等閒視之，多數人很難指望可在倫理的範疇內輕易找到出路[83]。

在應用人類複製科技製造克隆人的過程中，只要有任何一次實驗失敗或作廢而造成任何人類生命之停止或貶損，其風險率即使非常細微，在倫理上仍欠缺正當性與妥適性，對於一般人而

---

[82] 參閱GREGORY E. PENCE, FLESH OF MY FLESH, THE ETHICS OF CLONING HUMANS xii-xiii (Rowman & Littlefield Publishers, Inc., 1998)。

[83] 參閱John Polkinghorne, *Cloning And the Moral Imperative*, in HUMAN CLONING RELIGIOUS RESPONSES 36 (Ronald Cole-Turner ed., Westminster John Knox Press 1st ed., 1997)。

言，其接受度自然低落。

甚且，基於工具性動機複製一個人類的身體，而使一個人類生命藉由生殖複製來到這個世界，其目的只是為了滿足他人的需求，成為他人的備胎，提供諸如腎臟或骨髓等備用器官或組織給需要的人，為他人所用，其在倫理上亦無法為一般人所能接受。尤其對於具有基督宗教信仰的人來說，人類是以神的形象陶鑄而成，人類尊嚴乃源自於造物者之許諾，故應始終為行為實行的目的，而非手段。是以，工具性複製人類之行為，勢必成為在傳統社會道德準則下最值得吾人關切與重視的問題。

然而，生殖複製在倫理上雖將面臨極為嚴峻的質疑與考驗，但醫學和其他專業社群均一致肯定以醫療或實驗為目的之幹細胞複製的重要性，亦是一個不爭的事實。藉由醫療複製所訂製的克隆幹細胞可被移植到人類大腦和神經組織中，以治癒諸如中風、脊椎損傷，以及帕金森氏症、阿茲海默症等退化性大腦及神經疾病。克隆幹細胞亦可用於治療糖尿病、置換皮膚、移植器官、治癒肌肉萎縮，以及治療其他許多疾病。由於以醫療或實驗為目的之幹細胞複製技術確能促進科學和醫學的突破與發展，且可即時挽救無數生命及有效提升生命品質，有關其工具化人類胚胎的倫理爭議之聲量自然較為微小。

第三項　貶抑人類價值

所有生命無分物種，都應受到適當的尊重，由於人類生命不論是在哲學或神學的立場，均擁有最崇高之道德品位，故其存在的尊嚴更應不容忽視。對於為救治病人而從人類胚胎擷取幹細胞之行為，有論者認為係因受愚昧的功利主義倫理之驅使所致，如

此以犧牲個人尊嚴為代價，而僅甘願屈居為手段而成全位居目的品位的他人，其貶抑人類生命之正當性及可接受性是否存在，不無疑義。換言之，科學家應衡量科學研究自由與病人被救治權二者之道德價值及基本重要性是否相當，且應盡力在人類胚胎生命與個人基本權利二方面之間取得衡平與雙贏，不得偏廢[84]。

　　胚胎幹細胞之研究，至少涉及三個政策性議題。第一，胚胎幹細胞之研究是否應予允准？第二，幹細胞之研究是否應受政府的資助？第三，不論是否受到政府的資助，作為研究客體之幹細胞，應從實施試管嬰兒手術所剩下的胚胎組織中取得，還是從為研究目的所複製之克隆胚胎組織中取得？第一個問題是最根本和最棘手的問題。對於胚胎幹細胞研究抱持反對意見之論者認為，不論在任何發展階段摧毀人類胚胎，縱使是為達成某種正義之目的，由於此種行為與謀殺一個幼童以換取他人生命無異，故在道德上仍屬令人髮指的行為[85]。

　　然而，維護人類胚胎的生命尚非一項絕對且不容挑戰之道德訓令，上述反對意見是否有理而為社會大眾所肯認，仍需取決於胚胎的道德品位。如果生技工程之施作可跳脫克隆胚胎之製造、使用和銷毀等貶損人類生命的程序或方法，且主持研究的科學家不會將人類初始的生命貶抑為吾人得以開發、巧取及掠奪的

---

[84] 參閱Ted Peters, *Embryonic Stem Cells and the Theology of Dignity*, in THE HUMAN EMBRYONIC STEM CELL DEBATE, SCIENCE, ETHICS, AND PUBLIC POLICY 128-130 (Suzanne Holland, Karen Lebacqz, & Laurie Zoloth eds., Massachusetts Institute of Technology Press, 2001)。

[85] 參閱MICHAEL J. SANDEL, THE CASE AGAINST PERFECTION, ETHIC IN THE AGE OF GENETIC ENGINEERING 102-104 (The Belknap Press of Harvard University Press, 2007)。

天然資源，則胚胎幹細胞之研究，仍有契合社會大眾強烈道德要求之餘地。若此，生物科技領域將本於民眾之肯定與信賴，獲得永續與深遠發展之契機[86]。

第四項　利用人類身體

在生命科學之發展及生物技術之應用領域，無可避免地需要對於研究受體進行冗長與繁複之實驗，人類免不了亦將成為被研究人員拿來實驗的對象，這在道德上顯然是不會被接受的。為此，自二次世界大戰以後，各國相繼採行各種關於人類實驗之倫理行為準則，例如1947年紐倫堡準則和1964年赫爾辛基宣言等即是[87]。這些準則與規範，不僅係為研究人員所犯重大倫理缺失

---

[86] 人類生命始於精卵結合在科學上應有共識，故為進行無論是以生殖或以醫療為目的之研究而對於人類胚胎幹細胞進行汰除、篩選、處理、破壞及處分等操作或控制，均不免將涉及危害人類生命及貶抑人類尊嚴等道德與倫理問題。

為此，某些國家如美國為表達對於倫理議題之重視，乃強調國會應禁止政府提供公共資金挹注人類胚胎幹細胞之研究，惟多數國家則雖認同人類胚胎幹細胞之研究將涉及重大生命倫理議題確實值得重視，惟其對於政府是否可運用公共資金挹注該項研究，則並未明確站在反對的立場，致使政府得與私部門步調一致，共同協力贊助人類胚胎幹細胞之研究。數年下來，上述贊成與反對政府資助人類胚胎幹細胞研究之國家，因公共資金是否挹注之不同，致使其研究成果之優勝劣敗日益顯著，尤其在近年各國似有將人類胚胎幹細胞之研發成果視為國家安全及國防戰略指標之趨勢，更使得生命倫理是否為幹細胞發展之絆腳石的議題浮上檯面，再度成為嚴肅而須立刻面對的問題。

[87] 參見NUREMBERG REPORT, TRIAL OF WAR CRIMINALS BEFORE THE NUREMBERG MILITARY TRIBUNALS UNDER CONTROL COUNCIL LAW, n10, v2, 181-182 (U.S. Government Printing Office, 1949); HELSINKI DECLARATION, 18th WORLD MEDICAL ASSOCIATION GENERAL ASSEMBLY, Ethical Principles for Medical Research Involving Human Subjects, adopted in Helsinki, Finland, June 1964。

及違反個人基本權利和人性尊嚴之行為而發布，同時亦為建構科學研究人權基本精神及普世價值而制定。

紐倫堡準則揭櫫實驗倫理行為原則共計10條，特別強調研究對象之自願同意，以及進行實驗僅得以提供社會具體公益為目的，而該項公益無法以其他方法獲得，且實驗過程不會造成研究對象身體或心理之傷害。赫爾辛基宣言更進一步明示，只有在預期收益明顯超過預期風險，所有風險已充分告知研究受體，以及研究受體全體對於實驗結果應可提供助益時，系爭研究始可開始進行，畢竟人類不應被迫成為科學研究無謂的白老鼠，這個認知早已深植人心，自然成為實驗倫理行為準則中最受關注的原則。惟對於實驗倫理行為準則之解釋與適用，仍不宜過度狹隘或僅針對程序事項嚴格把關，如因此而造成扼殺科學研究發展與契機之後果，實在得不償失[88]。

第二節　道德觀點

第一項　遵循造物旨意

依據聖經的話語，上帝授予人類統馭與管理的雙重責任。創世紀第一章第二十八節說，人以上帝的形象被創造，要統馭和管理海中的魚、天上的鳥、牛群及整個地球，以及在地球上爬行的每一種爬行物。基於這個廣泛的訓令，人類乃得以與其餘生物和

---

[88] 參見 THE PRESIDENT'S COUNCIL ON BIOETHICS, HUMAN CLONING AND HUMAN DIGNITY, AN ETHICAL INQUIRY 87-90 (U.S. Government Printing Office, July 2002)。

其他被造物區隔開來。這個訓令意指為達成人類目的可利用動物，人類需求與目的優於其他所有生物。然而，人類的統馭管領地位並非與生俱來，而係經上帝委任行使之有限權力，依據神學有關授予統馭權之原則，人類管理與統馭其他生物的權力只有在上帝允諾及許可之下始得行使，人類不能把上帝之權柄拿來當作是自己的權力。

基於上述，人類被造物者委任負起照顧、使用和享有動物的責任，但其統馭權之行使並非漫無限制。就以複製克隆人之生物技術為例，人類是否業經造物者指派或授予創造某種新形式生命之權力，以作為自己形象或構造之延伸，則不無疑義。縱使複製克隆動物之生物技術在倫理上具有較少之爭議性，亦可對於人類和各種物種之醫療和研究技術的進步與發展提供助益，但由於此種克隆技術將不免涉及動物物種間基因密碼及遺傳物質之重新建構與重新洗牌，以及可能將經由非自然手段產生基因轉置之妖魔動物，導致人類創造新形式生命之結果，類此統馭權之行使，似仍非聖經所可允諾者[89]。

在動物及人類複製方面扮演重要角色之哺乳類體細胞核轉置克隆技術，即有人類行使統馭權逾越上帝旨意之疑義。站在神學之立場，論者經常提出呼籲，提醒人類對於大自然行使統馭權時，應謹記其與造物者仍有多點不同之處，例如人類不得探究屬於上帝之生命奧秘、人類不得侵犯保留予神之權柄而對於生命作

---

[89] 參閱 Albert Mohler, Jr., *The Brave New World of Cloning, A Christian Worldview Perspective*, in HUMAN CLONING RELIGIOUS RESPONSES 92-93 (Ronald Cole-Turner ed., Westminster John Knox Press 1st ed., 1997)。

成開始或結束之決定、人類容易犯錯以致常以狹隘偏袒和自利之觀點評斷行為、人類對於行為過程和結果並無屬於神的全知之知識，以及人類對於行為過程和結果並無屬於神的全能之掌控能力等[90]。

　　人類在發展生命科學研究及提升醫療施作技術之道路上，應將上述存在於人與神之間之差異，視為係禁止繼續前行之道德標線。然而，就哺乳類克隆複製技術而言，上述呼籲僅得視為係若干無關痛癢之倫理指引，對於現今可預見將適用於人類之體細胞核轉置克隆技術，尤其是以醫學和醫療為目的之人類複製，則未見宗教學者提出較為完整之對立論述。

第二項　尊重人類胚胎

　　在胚胎幹細胞研究方面，人類生命起源的根本問題顯然已造成科學與宗教之間之緊張關係。簡言之，人類胚胎幹細胞源自初階胚胎囊胚之內細胞團。囊胚類似一個中空的球體，於精卵結合受孕後五至六天形成，大約由一百多個細胞所組成。隨著囊胚之發展，內細胞團的細胞逐漸成長和分化，最後分別承擔人類器官組織及系統之特質與功能。假設由具有人類生命潛在價值之百餘細胞所組成的囊胚，是一個具有人類生命的人，則將其細胞取出使用於醫學或醫療研究等用途，仍可被視為係對人類生命之破壞。

　　不論從宗教或從世俗的觀點，世人均同意人的生命啟始於成

---

[90] 參閱 National Bioethics Advisory Commission, *Religious Perspectives*, in CLONES AND CLONES, FACTS AND FANTASIES ABOUT HUMAN CLONING 168-169 (Martha C. Nussbaum, Cass R. Sunstein eds., W.W Norton & Company, 1998)。

孕的時刻。然而，對於受精卵所擁有之潛在人類生命，其生命價值是否具有與幼童或成人完全相同之道德品位，則在神學上仍有極尖銳之爭辯。換句話說，關於人類初階胚胎是否與完整出生嬰兒一樣具有上帝完整形象之疑義頗令人困惑，尚須藉由傳統宗教對於人類胚胎之看法再做進一步之澄清。

　　一般而言，基督宗教宣稱，神的印記業經完整刻印於人類胚胎之上，於受孕的時刻取得人類完整之生命價值與道德品位，故須在受孕的那一刻起即享有與一般人相同之待遇[91]。因此，自存活囊胚取出胚胎幹細胞之行為，在道德上是不能被接受的。換言之，基督宗教大致認為受精卵既已獲得人類人格之完整道德品位，人類胚胎即不應為科學及醫學研究之目的而犧牲其生命[92]。

　　猶太宗教則認為人類胚胎在受精後之四十日內尚未取得人類生命之道德品位，發育中之胎兒在此時只是一個活著的軀體，由於尚未注入靈魂，故尚非一位完整之個人，人類胚胎是在成長發育之過程中逐漸取得人的身分。因此，人類胚胎之生命毋庸獲得完整的保障，即使到四十日之後，胎兒亦無完整之權利。部分猶太教義強調，胎兒在受孕四十日後則可享有應受尊重之道德權利，除非係為保護母親之健康，否則不得斷然終止胎兒之生命。

---

[91] 參閱 Mark J. Hanson, *Cloning for Therapeutic Purposes: Ethical and Policy Considerations*, in HUMAN CLONING: PAPERS FROM A CHURCH CONSULTATION 58-65 (Roger A. Willer ed., Augsburg Fortress 2001)。

[92] 參閱Mahtab Jafari, Fanny Elahi, Saba Ozyurt, and Ted Wrigley, *Religious Perspectives on Embryonic Stem Cell Research*, in FUNDAMENTALS OF THE STEM CELL DEBATE, THE SCIENTIFIC, RELIGIOUS, ETHICAL & POLITICAL ISSUES 82-84 (Kristen Renwick Monroe, Ronald B. Miller, and Jerome Tobis eds., University of California Press, 2008)。

　　由於保護和挽救現存生命乃是猶太宗教一項重要之信念，因此經由幹細胞研究，將妊娠中斷胎兒或育成後未經植入之胚胎利用於醫療和研究之用途，應爲猶太宗教所接受。然而，對於應否爲使用幹細胞挽救生命而製造胚胎之問題，則仍欠缺一個較爲圓滿的答案。

　　相對而言，伊斯蘭宗教對於人類胚胎道德品位之觀點爭議較少。依據可蘭經所明訓，胚胎在成長前，不能被看待爲一個人。可蘭經雖未明確指出靈魂進入身體的時間，但依先知訓誨，當胎兒在子宮成長至第一百二十日時，靈魂就會被吸入體內。在此之前，無論是在母親的子宮內成長，在實驗室的器皿中培養，或是在其他非自然的環境中育成，由於人類胚胎尚無靈魂，所以並不是一個人。因此，多數伊斯蘭宗教人士均認爲，以研發挽救現有人類生命之醫療爲目的，而於受精卵成孕後一百二十日內侵入胚胎擷取幹細胞以進行研究之行爲及過程，在道德上是可被接受的[93]。

第三項　肯定人類尊嚴

　　尊嚴（dignity）一詞是一個極爲抽象且不易界定的概念。無論從英文或從其拉丁字源*dignitas*和*dingus*等字義觀察，尊嚴之核心概念，含有敬重、上位、榮譽、尊貴與高尙等涵義，且蘊涵卓越或美德等崇高之價值。一般而言，尊嚴代表某種人類應被如何看待及應受如何對待之標準。康德（Emanuel Kant, 1724-1804）曾以尊重世人論（doctrines of respect for persons），嘗

93　參閱Id. at 84-88。

試推動人類尊嚴普世化之論述。

　　基於康德道德哲學所強調至高無上之絕對訓令，所有人類或理性之人均應得到他人之尊重。一個人應受尊重不是因為他或她有哪些卓越之成就，而是因為世人所共同分享之道德訓令，以及人在道德法則下之存在品位[94]。例如製造克隆兒如果只是一個讓某對夫妻得到快樂之手段，則人們對於此一生殖複製過程之決定，顯然已違反基本的道德法則，因為克隆兒亦應享有與常人相同之人類尊嚴，其本身之尊嚴與福祉，尚非使用複製技術製造克隆兒之本意與目的。

　　從宗教義理觀察，由於基督宗教相信人類係依上帝之形象而創造，故均肯定人類尊嚴之存在。部分宗教論者因而認為，人類克隆將侵犯人類尊嚴，因為它會危害克隆人和基因提供者之個人特質及獨特身分。一般而言，克隆人不僅不容易塑造自己獨立的人格，而且亦不容易獲得其創造者之承認與尊重[95]。

　　另一方面，依據佛教義理，人類是唯一能從苦海中經由修練獲得啟蒙與解放且本體存在之實體。佛教教義闡釋一種責任倫理，著重不傷害之價值和對有情眾生所受苦難之緩解、同情、無我、道德自律和輪迴等內涵。這些價值似可提供佛教對於包括人類克隆在內之生殖和基因科技作出回應之精髓。

---

[94] 參閱 LEON R. KASS, LIFE, LIBERTY AND THE DEFENSE OF DIGNITY, THE CHALLENGE FOR BIOETHICS 15-16 (Encounter Books, 2002)。

[95] 參閱 ALBERT S. MORACZEWSKI, CLONING AND THE CHURCH, Testimony of the Pope John Center before the National Bioethics Advisory Commission (14 March 13 1997); R. E. N. DORFF, HUMAN CLONING: A JEWISH PERSPECTIVE, Testimony before the National Bioethics Commission (14 March 1997)。

由於人類生命是擺脫永無休止重生的珍貴機會，佛教人士普遍認爲人到這個世界之途徑或過程是沒有任何區別的[96]。科技發展之結果，如可造就人類誕生及提供人類獲得啓蒙之機會，則將不致貶損人類尊嚴，不論任何類型，均同等重要且具同等價值[97]。

第三節　法律觀點

第一項　漠視人類福祉

如前所述，生物複製技術將使人類失去個別性與獨特性，從而貶抑人類福祉，造成人類尊嚴之危害。就以克隆人之尊嚴與福祉爲例，他或她不僅將被迫放棄自己全新且完整獨立之人格，人類克隆複製技術還將剝奪其擁有開放未來之權利。克隆兒在其一生將不斷地與捐贈者比較，被他人沉重的期望所纏繞，進而限制自我成長和自行發展之機會。由於克隆兒始終是他人的複製品而非原創之個人，其保有自重與自尊之權利亦將難以維繫[98]。

然而，相對而言，生殖自由與孕育權爲人類所追求各種幸福之重要內容，長期以來亦被許多國家肯認爲是基本權利之一，不

---

[96] 參閱 DAMIEN KEOWN, BUDDHISM AND BIOETHICS 90 (St. Martin's Press, 1995)。

[97] 參閱 Courtney Campbell, *Buddhism and Cloning*, in THE HUMAN CLONING DEBATE 283-285 (Glenn McGee, Arthur Caplan eds., Berkeley Hills Books, 4th ed., 2004)。

[98] 參閱 B. Gogarty, *What Exactly Is An Exact Copy? And Why It Matters When Trying To Ban Human Reproductive Cloning in Australia*, 29 JOURNAL OF MEDICAL ETHICS 84-89 (2003)。

僅可歸屬為人類醫療福祉之一環，且屬人類尊嚴的一部分，故應受到憲法完整之保障[99]。對於一位不能產生精子的男性或對於一位不能產生卵子的女性來說，如用盡所有體外輔助成孕技術皆無法使二者精卵順利結合完成有性繁殖時，則一個安全及有效之無性生殖克隆技術，似乎亦可成為上述不孕男女孕育後代之選擇途徑。

若此，生殖自由應蘊涵使用人類克隆技術孕育後代之權利與福祉，尤其是對於無法進行有性生殖之男女益形重要[100]。是以，除非有具優勢性之國家利益存在，政府應儘可能提供必要資源讓人民追求之幸福與福祉早日實現，如政府禁止人類克隆技術作為生育後代途徑之行為，則似可視為係對不孕夫妻或準備自行生育之男女幸福人權、醫療福祉及基本自由權利之妨礙[101]。

在國際社會與多數國家均同意，自主決定權乃係表彰人類尊嚴之核心，由於一個人本於自主決定選擇克隆技術孕育子女之權利既含括於前揭基本權利範疇之內，政府自應妥適提供若干可利用機制，以確保人民接近生殖複製技術之自由。政府對於例外需求如不孕夫妻等情事未加以審酌，而斷然禁止人民本於自由意志透過人類克隆技術生育子女，則此一舉措除屬不當外，且將違反比例原則。

---

[99] 參見Skinner v. Oklahoma, 316 U.S. 535 (1942)。

[100] 參閱Mark D. Eibert, *Human Cloning: Myths, Medical Benefits and Constitutional Rights*, 53 HASTINGS L. J. 1097 (2002)。

[101] 參閱Wu, *Family Planning through Human Cloning: Is There a Fundamental Right?* 98 COLUMBIA L. REV. 1461 (1998); KERRY LYNN MACINTOSH, ILLEGAL BEINGS: HUMAN CLONING AND THE LAW 112-115 (Cambridge University Press, 2005)。

　　另一方面，世界人權宣言第1條明定「人生而自由且在尊嚴和權利一律平等」。如政府刻意將克隆人與經由有性生殖所孕育之人區分，而在缺乏正當理由之情形下行使不合理之差別對待，則此一行為亦將違反多數文明國家所認同平等保護之基本規範。確保克隆人與非克隆人間在法律上之不等待遇，亦將成為未來保障人類尊嚴免於遭受危害之重要課題之一[102]。

第二項　剝奪人類自主

　　自主（autonomous）一詞來自兩個希臘詞源*auto*和*nomos*，帶有自我規範之意涵。自主、自律或自治之核心理念蘊含多種面向及解釋，就倫理而論，自治這個訴求，在字義上即強調自我是產生是非標準之道德法則，因此，任何人之行為如係受環境或第三人之操控所牽動，即非屬自主。然而，在實際上，自主不僅關係自我初階信念和慾望之行為，某些被牽動之心態亦須反映或協同經倫理法則認可之高階價值。

　　例如，一位毒品成癮者如未經阻止，可經由吸毒快速滿足強烈之慾望，但其內心也可能存在另一個期待初階慾望不被實現之高階意欲。是以，縱使在倫理上仍應以自主為基礎，但體認高階價值仍可使本我自主在個人生活，諸如行為、舉止、工作、品格、人際關係與情感等方面，導入更大更廣泛之完整境界與誠正特質。

---

[102] 參閱Tade Matthias Spranger, *What Is Wrong about Human Reproductive Cloning? A Legal Perspective*, 11 Eubios Journal Of Asian And International Bioethics 101-102, 154-161 (2001)。

如將相同的邏輯適用於他人，在他人具有良善道德品格當下作成自主選擇，而每一個自我都能尊重他人之自主與福祉時，則嚴重的法律議題將無所附麗。然而，當自主意識指使自我不要去關心其行為將如何影響他人時，則自我將可能變得自私和輕率，對於他人之自由與利益而言，其選擇就可能是危險的。換句話說，在此其他倫理和法律之考量可能會比一般人的自主更為重要[103]。

同時，只有在所有人均可在相當處境作成自己類似之選擇時，對於人類自主選擇之保障才能算是全然正確的。某些在經濟上、社會上，甚或在身體上處於極為弱勢地位之人，他們是無法讓自己獲得和一般人相同的機會。因此，透過某種犧牲奉獻愛護他人之規定，將可強制人們利用自己之自主選擇來提升他人之利益，而在另一方面，由於從公共政策到公眾生活等各種面向之壓力隨之而來，以自我中心主義為動機之自主態樣，終將逐漸根除。

對於複製克隆人進行自主性導向之完整評估時，不僅克隆人本身，所有參與及關涉複製克隆程序有關人員之自主性，包括研究人員、醫療人員及期望複製人產生之任何人士等，皆應考量。對於克隆人本身自主性之評估，至少應從兩個面向著手。

第一個面向，人類克隆對於克隆人之生命將形成極為嚴峻之風險。由於啟動克隆程序前不可能取得克隆人之自主同意，除非人類克隆技術在生命醫學方面之利益非常明顯，其利益之巨大顯

---

[103] 參閱J. Dyck, *Lessons from Nuremburg*, in ETHICS IN MEDICINE (Jay Hollman, John Kilner eds., Bridge Publications, 1999)。

然超過在桃莉羊或類似實驗中所造成死亡或畸形之已知風險或實質可能性，否則任何災難之發生，就是他人剝奪一個人所擁有人類自主之結果，對於任何形式人類克隆之自主性而言，均造成實質之傷害。

　　第二個面向，人類克隆將與克隆人本我之自主形成衝突。如前所述，啓動複製克隆之程序不僅非依克隆人之自主意願，藉由複製技術產生克隆之目的究竟爲何亦非克隆人所能決定。無論未來將以何種法律解決此類疑義，就表面觀察，人類克隆只會膨脹決定製造克隆者之自主，而在同一時刻，克隆人之自主卻遭受無情之剝奪。

第三項　買賣人類活體

　　鼓吹支持生命者多認爲胚胎就是一個活著的人，在複製胚胎的過程中，胚胎會遭受攻擊，甚至有被殺害之可能。甚且，複製克隆胚胎如建立一座儲存備用器官的蓄水庫，成孕的受精卵可以複製成多個合子，除取出其中一個合子植入母體孕育成一個正常的嬰兒外，可將其他合子冷凍以備將來使用。未來這個嬰兒在成長後如需移植骨髓，則可不必求助他人而從冷藏庫中解凍一個合子，將該合子植入並孕育成爲另一個嬰兒，然後再將該嬰兒部分骨髓捐贈給其同卵雙胞胎。嚴格來說，這個被解凍的胚胎只是一個被利用的商品，而不是一個人。

　　另外，藉由複製技術取得胚胎幹細胞，不論是爲研究或爲器官移植，都須以犧牲克隆胚胎爲代價。如此創造再摧毀人類生命之方式，就是人類濫用權力和逾越統馭權柄之表徵。論者均同意，縱使在早期發展階段，人類胚胎亦應受到與完整個人相同之尊重。

是以，任何爲備份產品而製造和使用人類器官之極端想法，都將爲人類良知所唾棄。此種把人類生命使用於其器官組織之工業化生產思維，將使人類最微小和最羸弱之成員被貶抑爲純粹之商品，甚而將人類生命轉化爲研究人員和生命科技產業心目中所欲攫取之商業利益，此一結果，究非生命科學與生物技術研究發展之初衷與目的。

爲研發人類複製技術，科學家所需仰賴人類卵子之數量恐將難以估計，然而卵子稀少且不易取得，亦是一個不爭的現實。爲提供卵子，捐贈婦女必須經歷一系列繁重、危險，俗稱超級排卵之生理過程。在此過程中，同意捐卵之育齡婦女須注射高劑量之荷爾蒙，以便使卵巢能在一個排卵週期內一次排出十個到二十個不等之卵子，而不能像平常一樣只釋放一個。卵子排出後，醫生再用針頭將卵子取出，這個過程對於婦女而言不僅非常不舒服，而且還很危險。

大約有百分之五經歷超級排卵過程之婦女將忍受若干嚴重之副作用，諸如感染、不孕、癱瘓，因血塊造成之截肢，甚至面臨無預見之死亡等。由於這些風險將全數丟給潛在之捐卵婦女承擔，她們究應採取何種行爲與爭取何種保障？如何確保她們是完全知情且其同意確屬出於自願？以及她們爲此項研究或治療捐贈器官，其行爲應否得到妥適之補償或追念？上述若干疑義，均值得進一步釐清。

由於捐卵過程確實存在許多不確定之危險因子，致使一般婦女裹足不前，不敢輕易嘗試，部分研究人員因而認爲，在某些情況下市場應有買賣婦女卵子之機制。女權主義及其他反對者則憂

心卵子市場將使貧窮或弱勢的婦女受到剝削，且極易被他人慫恿
而不計代價冒險賠上健康與生育力，最後終將陷入器官交易的不
歸路，人類卵子因而成為不折不扣的商品，從事人類器官買賣之
代理商或事業機構不僅可因此攫取不當利益，同時更將藉人類複
製技術而占盡科技發展之便宜。

　　在此，卵子交易至少應有兩個重要爭點，值得思考。第
一，對於出售卵子之婦女而言將會產生何種長期之影響？第
二，婦女出售自己的卵子，是否與他人基於對身體一部分之選擇
自由，而出售自己腎臟等器官之情形類似或相同？

第四節　政策觀點

第一項　實現公共利益

　　包括人類複製在內之現代生物技術在今日雖仍處於未臻成
熟之研究發展階段，但來自各界巨量之辯論排山倒海而來，早
已撼動整個科學領域。若干國家經由法院作成禁止人類克隆之
裁判，亦有許多宗教組織對於生物複製技術提出強烈反對之看
法。然而，人民科學探知之自由與取得知識之權利二者不僅為多
數文明國家憲法所保障，同時更為國際社會所肯認。

　　甚且，由於科學理論與科技知識對於開發人類智慧及提升人
類生活而言，始終扮演極為重要之角色，故其在歷史傳承上一直
為世界各國所保護。和多數科學家一樣，生物醫學家皆以探究生
物與提供人類尋求健康幸福及舒適之途徑為職志。因此，科學探
知亦常被視為是屬於社會大眾之公共利益。禁止任何形式之人類
複製是否將侵害人民科學探知之自由？抑或政府應否給予科學探

知最大化之鼓勵與無限制之開放？科學探知之利益是否須超越社
會傳統所堅持和維護之共同價值始屬正當？以上問題，值得推
敲。

　　基本上，自由權利縱屬憲法保障之範疇，其行使仍應以不侵
擾他人及社會秩序為前提，因此科學家自無不受拘束探索任何事
物之自由或權利。相反地，基於上述相對法律保障之原則，只要
是規範基礎確屬合理，政府對於科學探知之研究，在憲法上非
不得實施適當之限制。

　　申言之，如科學家主張科學探知之自由權利，而與對立之若
干自由權利或道德原則發生衝突時，則該自由權利應予退讓。換
句話說，如任何受社會所保障之福利和人權將因科學探知自由
而受有損害時，則政府對於該項自由之行使自應予以限制。因
此，以社會正義之實踐為前提，如面對優勢人權及絕對道德義務
時，科學探知自由應選擇讓步[104]。

　　但如人類複製等生物技術之研發已達到相當成熟之階段，且
在實際應用上對於人類和環境所存在之風險已降低至一定安全水
準，則人類克隆技術與其他相關研究、探索及科學信息之溝通
與傳遞等亦應受到妥適之保護。至於保護之程度及範疇究竟為
何，則應由政府就公共政策有關議題嚴肅考量。

　　決策者應在政府保障科學家及學術研究者探索自由，及本

---

[104] 參閱Adam Gusman, *An Appropriate Legislative Response to Cloning for Biomedical Research: The Case Against A Criminal Ban*, 14 ANNALS HEALTH L. 361, 368 (2005); SOFIA GRUSKIN, MICHAEL A. GORCDIN, GEORGE J. ANNAS, PERSPECTIVES ON HEALTH AND HUMAN RIGHTS 175 (Routledge Taylor and Francis Group, 2005)。

項科技研發可能貢獻於人民福祉等利益，與保護人民免於任何身體、情緒、社會風險或危險之需要二者之間取得最佳化之平衡。由於複製技術將不可避免地帶給人類社會嶄新和重大之變革，因此，決策者在各個相互競逐的權利和利益之間所取得之平衡點，將可代表未來社會正義實踐之外貌與輪廓。

　　以人類幹細胞之研究為例，不論是在基礎研究上或在研究應用上，該項研究都引起社會各界相當廣泛之討論。論者常提出兩個頗為務實的疑問，第一，此項研究對於創造一個更公義世界之目標而言，是否真正能夠提供助益？第二，正義原則之實踐，是否應優先於社會大眾對於本項研究之期許？事實上，某種屬於個人之利益，如在欠缺正當理由或承受過度負擔之情況下遭到否定，正義即難以實踐。值得注意者，由於人類幹細胞之研究對於人類本身來說，確實存在相當龐大之潛在利益，此種利益之分配如欠缺公義，則將形成以犧牲社會經濟邊緣人為代價而使富者強者更具特權之不正義結果[105]。

　　一般而言，每個人無分差異均可獲致實質平等之對待，應係一個社會實踐正義之基礎[106]。同時，如平等關懷弱勢和平等團體承諾等類似之倫理原則是一個社會之核心價值，幹細胞研究之建置將可用以協助弱勢族群及落實社區承諾。因此，所有與幹細胞有關之研究，至少應以增進一般民眾普遍接近基本合宜之健康

---

[105] 參閱 Margaret R. McLean, *Stem Cells: Shaping the Future in Public Policy*, in THE HUMAN EMBRYONIC STEM CELL DEBATE 197, 202 (Suzanne Holland, Karen Lebacqz, and Laurie Zoloth, eds., The MIT Press, 2001)。

[106] 參閱 JONATHAN BARON, AGAINST BIOETHICS 15 (The MIT Press, 2006)。

照護資源為目的[107]。可得預見者，只有在幹細胞研究前景顯著且受到社會各界重視時，科學界始將進一步達成同意廣泛胚胎研究之較明確共識。

第二項　落實法律治理

　　就人類複製技術而論，整體來說，世界各國尚未存在關於言明禁止製造任何形式人類克隆之法律。實際上，人類克隆技術在某些領域內確實無法輕言違法，美國法院甚且尚有基於憲法保障人民隱私權，而進一步肯認人民克隆權（right to clone）應受憲法保障之裁判意見[108]。世界各國刻正依其國情、歷史、宗教、習慣或風土民情等元素，分別研議制定有關人類克隆之政策和法律。

　　極端地禁止或極端地開放任何形式人類克隆複製技術之國家究非主流，大多數國家則採取較為中道之治理路線，亦即一方面禁止人類克隆技術應用於生殖性目的，但又允許人類克隆胚胎可適度應用於醫療性研究。至於未對人類克隆技術實施實體性規範之國家亦所在多有，這些國家對於人類複製科技乃採取較為消極之空窗治理態度。形成此種治理模式可能係因國內法制未臻成熟，或係為期待國際明確共識，或係因爭議過大而繼續觀望，甚

---

[107] 參閱Laurie Zoloth, *Freedom, Duties, and Limits: The Ethics of Research in Human Stem Cells*, in GOD AND THE EMBRYO, RELIGIOUS VOICES ON STEM CELLS AND CLONING 141, 145 (Brent Waters and Ronald Cole-Turner eds., Georgetown University Press, 2003)。

[108] 參見Kristina Martin and Ronald Martin, et al. v. Martin Ballinger, Secretary of Health and Human Service, et al., on Petition for Writ of Certiorari to the U.S. Court of Appeals for the Eight Circuit, No. 99-1099。

或係因政治、社會或經濟等其他因素所致，原因甚爲分歧，不可一概而論。

　　一個國家或地區的政策和法律，亦將影響關於人類複製技術等先進生物科技發展之潛在資金動向。例如，美國布希總統政府基於宗教和人權立場與人道關懷，對於美國幹細胞之研究始終保持不予支持與懷疑之態度，導致政府公共基金無法順利挹注此類研究項目。

　　由於私人基金籌募不易，其數量有限恐將無法充分支應幹細胞研究所需龐大經費，研究團隊或有關機構勢將被迫出走，向外尋求其他制定較寬鬆政策和法律之國家或地區，所有可利用資源之投入，包括研究人力、財務、材料、設施及智慧財產有關保護等。

　　其次，與人類複製有關生命科學與生物技術，就其所牽涉知識而言甚爲專業，但就其所影響層面而言卻又極爲廣泛，政府規範此類研發行爲，究應以法律爲之始屬洽當，或應以行政命令即爲已足，則不無疑義。支持法律規範者認爲法律積極主動且具有完整之強制性，能以適當之權力及效力保證規範內容之執行[109]。

　　但在另一方面，主張行政命令規範者則認爲法律規範往往無法切中要害，一段法律對某些人而言可能過於嚴苛，但對其他人而言則又顯得過於寬鬆。行政命令經相關事務主管行政部門基於法律授權而訂定，其內容應較能滿足受規範事務在法律治理上之需求。

---

[109] 參閱B. Gogarty, *What Exactly Is An Exact Copy? And Why It Matters When Trying To Ban Human Reproductive Cloning in Australia*, 29 JOURNAL OF MEDICAL ETHICS 84-89 (2003)。

　　誠然，單憑一個單一的法律確實無法因應科學不斷求新求變之特質。法律可能因制定過於嚴謹，而不分青紅皂白盲目扼殺任何有價值或具爭議性之研究。相對來說，法律也可能因內容過於寬鬆，而不分研發目的讓任何形式之人類複製，輕易規避行政命令之管制[110]。

　　但是，無論是法律或是行政命令最終為任何特定社區所青睞，在允許任何形式人類複製全面研發之前，政府均有採行某些適當規範以正大眾視聽之必要。例如，政府對於研發人類幹細胞複製有關生物技術始終抱持模糊不清之態度，則將使得醫院、大學和其他公、私立研究機構莫衷一是，對於其所參與研發行為是否違法亦將難以判斷。

　　同時，關於生物技術尤其是涉及人類克隆複製之規範，應以科學和良好公共政策為基礎，而不能只是一個經歷團體遊說與黨政協商等過程，而勉強拼湊出來之政治妥協產物而已。立法部門至少應釐定關於生物技術規範之總體政策，再責由具備專業素養之行政部門事物主管機關訂定有關執行細則。為有效加強法律治理統籌監督與控管之效能，中央政府之法規應較地方政府經授權訂定之行政命令更為嚴謹[111]。

　　經由法律手段有效治理如此專業之事物，其規範基準究竟為何，亦應釐清。科學家歷年進行動物克隆實驗所呈現之實證數

[110] 參閱Adam Greene, *The World after Dolly: International Regulation of Human Cloning*, 33 GEO. WASH. INTL. L. REV. 341-362 (2001)。

[111] 參見*California Cloning: A Dialogue on State Regulation*, in CONVENTIONAL REPORT AT SANTA CLARA UNIVERSITY (October 12, 2001)。

據，仍無法提供人類複製應用之安全保證，為實現此項技術，在未來數年仍需進行更深入且涵蓋層面更為廣泛之實驗與研究。然而，生物複製技術在對人類進行更進一步較實質之嘗試前，制定一套法律治理之適當基準或指引，對於科學界而言應是最關鍵的一步。

在人類克隆複製技術不論在道德上或在法律上，可於任何層面放開腳步自由探索前所未有更深遠之領域前，此一準則至少能提供研究者與社會大眾關於人類複製技術之最低安全標準應如何，及最高風險等級應為何等有關規範。法律無法期待科學家能永遠將風險降低至零，而為人類提供一個完美無瑕的複製技術，但如安全標準係設定在，為具有類似生物醫學技術個人經驗之一般合理人所可接受之普通風險範圍之內，則該項最低標準應屬合理[112]。例如，應用於人類生殖之體細胞核轉置SCNT技術，其可預見風險應不逾一般合理人在輔助生殖技術ART中所承受風險之範圍。

第三項 建構規範框架

人類克隆複製需要受到政府嚴格之規範，不僅是因為此類技術已引發社會大眾對於若干重要道德、社會和法律問題之關切，同時更因為這些技術將不可避免地與許多和人類生命、健康和生殖有關，且常挑起民眾敏感神經之應用相連結，例如試管受孕IVF、體細胞核轉置SCNT與生殖細胞系改造等是。顯然地，

---

[112] 參閱Gregory E. Pence, *Will Cloning Harm People?* in FLESH OF MY FLESH, THE ETHICS OF CLONING HUMANS 117, 121-122 (Gregory E. Pence ed., Roman & Littlefield Publishers, Inc., 1998)。

這些技術對人類個人或全體福祉，或對人類本身和人類尊嚴而言，都將造成巨大且深遠之影響[113]。如其潛在應用如此重要，而使得人類複製技術在某種程度上確有規範之必要時，則有關此類規範之框架應以何種形式存在，以及該類技術之審查應於何種層級為之等疑義，均待研酌。

　　一般而言，在科學及生命醫學應用相關領域建構規範，約有三種基本模式，亦即市場導向、專業標準及政府參與等。然而，相較於一般生物應用技術，人類複製技術之研發，更需要投注較多關於社會和道德爭議之思維，而此一部分之需求，尚非單由市場或科學界本身所能提供。

　　嚴格來說，市場是一個由需求面與供給面所實質控制之機制。如一個社會相信某些類如人權和人類尊嚴等價值，確屬此種先進生物技術之重要關鍵，則期待市場因重視這些價值而作成合乎道德關懷之政策性決定，恐怕只是緣木求魚而已。同樣地，科學界可能會基於適當動機，而以公益為目的盡力取得科學知識與探究自然，但亦可能對於是否及如何應用這些研發成果而作出輕慢、無知或本於自利考量之政策決定。

　　因此，為管控人類複製技術之研發與應用，政府設置一個以全國為管轄區域之專業監理機關（構）似有其必要。對於許多領域或事務而言，政府參與往往會受到各界之蔑視與批判，但對於人類複製技術而言，則不可同日而語。雖然此項先進複製技術將

---

[113] 參閱Cynthia B. Cohen, *Leaps and Boundaries: Expanding Oversight of Human Stem Cell Research*, in THE HUMAN EMBRYONIC STEM CELL DEBATE 219-210 (Suzanne Holland, Karen Lebacqz, and Laurie Zoloth, eds., The MIT Press, 2001)。

提升科學認知和人類生活，但對於人類本身而言，則仍具有超乎想像之巨大風險，唯有政府才可擁有完整之權能，以有效監督此類技術之研發及審查其應用之結果。

　　政府主管機關應向民眾保證此項技術可在安全無虞環境下進行，以及明確且嚴謹之倫理指引業經訂定，並已列為最首要之考量因素。是以，附隨政府之積極參與，在複製技術有關程序已獲圓滿改善與道德爭議相關認知已被完整遵循時，此項先進生物技術應用於人類之社會和道德意義始可被適當之檢驗[114]。

　　雖然人類複製牽涉政府公共衛生、健康、安全與道德倫常等議題，表面上看起來似乎是專屬於地方政府所應行使之事項，且由於其因地制宜性頗高，故應由各層級地方政府分別治理為適當。然而，科學技術之類型如具公共敏感性，則該類技術之研發行為仍須受到中央政府層級公開且嚴格之監督，始屬允當。

　　同時，如若干地方政府基於人類複製損及人民健康、安全或道德而禁止相關活動時，中央政府則應制定具有全國性框架和基準之國家級法令，以有效監督相關技術整體之發展與界限。甚且，由於人類複製已成為國際法規範之對象，而在國際社會中只有中央級政府才能代表國家簽訂條約或履行外交政策，所以在某種程度上，關於此項事務之立法，中央政府似可扮演更合適之角色[115]。

---

[114] 參閱George Annas, *Scientific Discoveries and Cloning: Challenges for Public Policy*, in FLESH OF MY FLESH, THE ETHICS OF CLONING HUMANS 77, 82 (Gregory E. Pence, ed., Bowman & Littlefield Publishers, Inc., 1998)。

[115] 參見THE PRESIDENT'S COUNCIL ON BIOETHICS, HUMAN CLONING AND HUMAN DIGNITY, AN ETHICAL INQUIRY 183-185 (U.S. Government Printing Office, 2002)。

|第五章|
人類複製與正義

　　幾個世紀以來，權利和自由之概念業已發展到各個層面，惟僅有經由法院對於個案之審判肯認具有基本重要性，基本權利和自由始可獲得國家法制最周延之保障。另一方面言之，包括人類克隆在內之各種生物複製程序，多屬二十世紀後期才陸續出現之一系列嶄新科學應用技術。儘管此類技術不夠先進，甚至不為世人所接納，或尚且無法便利與安全地應用在人類身上，但許多個人或集體之權利和自由，無論係屬傳統或屬新興之人權類型，抑或屬基本自由權利或一般自由權利，終將無可避免地會受到此類新進科技無以倫比之影響與衝擊，有關法制之論述與觀點是否應做相應之改變，則是吾人應予關注的議題。

　　關於生物複製技術應用在人類身上的問題，早在英國桃莉羊誕生前即已讓全球人心惶惶，忐忑不安，紛紛要求各國聯手抵制這個美麗新世界的降臨。聯合國教科文組織UNESCO回應各界質疑桃莉羊技術的聲浪，於1997年11月11日在其第29會期通過國際人類基因體及人權宣言（Universal Declaration on the Human Genome and Human Rights）[116]。

　　在該宣言第C章人類基因體第10條即鄭重宣示，任何有關人類基因體之研究或應用，特別是在生物學、遺傳學及醫學之領域，均不得逾越對於個人或群體之人權、基本自由及人類尊嚴之尊重。同宣言第11條並進一步強調，違背人類尊嚴之作法，例如人類生殖複製，不予允許。各國及國際權責組織均請合作辨明此類作法，並在國家或國際層次採行必要措施以確保本宣言所示原則受到尊重。

---

[116] 本國際宣言於1998年12月9日聯合國總會第53/152次會議決議確認。

　　人類複製之適法性與正當性，自桃莉羊向世人招手以來，始終是一個公婆各說各話雙方均言之成理互不讓步的話題，縱使在科學家、哲學家及政治領袖冠蓋雲集之2005年聯合國總會大會上，正反兩面論述仍然呈現五五波僵局，無法獲得較為明顯之共識。對於應否同意共同開發人類複製技術之議題，各國在聯合國會議合縱連橫，拉幫結派，試圖以團體戰術使各個會員國選邊站，表態支持自己的立場，但仍事與願違。

　　雖然有84個以美國為首之會員國家對於生物複製技術應用於人類複製採取全然否決之立場，認為無論生殖複製或醫療複製，均違反人性尊嚴及危害人類胚胎之生命，但除去37個會員國家棄權不表示意見外，仍有33個以英國為首之會員國家對於人類複製技術之應用採取有限度開放之立場，認為人類複製技術應可同意應用於複製人類胚胎於醫療用途之上。為此，聯合國整合雙方立場，於3月8日通過人類複製宣言（Declaration of Human Cloning），並宣示「一切形式之人類複製，只要其違反人類尊嚴及人類生命之保護，均應予禁止」[117]。

　　至於在生物複製特別是對於人類胚胎進行複製之過程，其所涉及胚胎之人類尊嚴及人類生命究竟為何，同時，與胚胎生命連結之人類生命，其道德品位究竟如何，亦非毫無疑義。如依國際法上所揭示維護人類尊嚴及保障人類生命等原則，將生物複製技術應用於國內所需，則無論該國將完整開放生殖複製，或僅部分

---

[117] 參見U.N. Declaration on Human Cloning (A/Res/59/280 of 8 March 2005, 84 to 34, with 27 Abstentions): "All forms of human cloning inasmuch as they are incompatible with human dignity and the protection of human life shall be prohibited."。

允許醫療複製，如何將上述道德色彩濃厚之國際法上原則適切地
導入國內法制，使其成為人民生殖權、醫療權及其他衍生自由權
利保障之基石，則應是值得吾人繼續探索之課題。

第一節　實體正義

第一項　生育權

　　生育權（Right to Procreation）係指人民於行為不逾安全、
倫理和良知等範圍，而運用其生殖能力之自由。是以，一個人不
論其願意或不願意擁有後代子孫，生殖自由之行使，應為社會之
共通善念及公共利益所拘束。此一渾厚深遠之道德價值，更為國
際社會所普遍認許[118]。

　　甚且，燃起生殖慾念之那一刹那，對人類社會而言，可謂為
一個重大的時刻，由於這個慾念建立了人與自然和下一代之聯
繫，雖然多少會帶給人們一些不道德感，但仍將使人們養育及監
護自己子女之幸福憧憬得以圓滿實現。因此，剝奪一個人生殖子
女之能力或機會，似可視為係對其生育自由之重大負擔與實質
危害，除非確有任何優勢性國家利益存在以正當化此一侵害，
且經由被侵害人知情與自願之同意及基於其自由意志而作成決
定，否則政府不得為之[119]。

---

[118] 參閱 JOHN A. ROBERTSON, CHILDREN OF CHOICE: FREEDOM AND THE NEW
REPRODUCTIVE TECHNOLOGIES 22-42 (Princeton Press, 1994)。

[119] 參閱 John A. Robertson, *Cloning As A Reproductive Right*, in THE HUMAN
CLONING DEBATE 177, 179 (Glenn McGee, Arthur Caplan eds., Berkeley Hills
Books, 4th ed., 2004)。

　　部分自由派觀點認為人類克隆應屬人民行使自由權利之範疇，複製技術可提供行使生殖自由之人民一項新的選擇，有關人類複製是否應屬生育權一部分之爭議，如無性輔助生殖技術經政府肯定蘊涵於生育權範疇之內，則將益顯重要。上述論點強調，合乎道德之生殖自由，應包括人民有使用無性或輔助方法生殖之權利。不孕夫妻與一般有性生殖夫妻在生殖上享有相同之利益，且在養育子女方面亦擁有相同之能力。是以，不論婚姻夫妻或單身男女，均享有使用無性輔助生殖技術生養具生物血緣關係後代之道德權利。

　　更進一步言，不孕夫妻於必要時，亦得享有使用捐贈配子、妊娠代理，甚至捐贈胚胎之權利。即使經第三方協力之生殖程序始終無法精準複製在有性生殖環境下所產生之基因、妊娠和孕育組織，但其已非常接近，故應受到均等之對待與拘束。由於此類生殖程序將使夫妻或男女可實際擁有或養育具生物血源關係之子女，從而其生育權亦將獲得完整之保障。但支持人類克隆論者仍認為，縱使此項生物複製技術獲得認可，其實施仍不得違反知情同意和避免傷害他人等二個道德底線，是應注意[120]。

　　與各種形式的輔助生育技術不同，人類複製除透過非自然無性生殖方法孕成子女外，還可能涉及經由基因選擇、重組及編輯等遺傳技術產生優生寶寶之疑慮。誠然，克隆技術確可經由避免或排除基因缺損，及延續或保留優良基因等手段滿足遺傳性狀

---

[120] 參閱John A. Robertson, *Liberty, Identity, and Human Cloning*, 76 TEX. L. REV. 1371 (1998); Leon Kass, *The Wisdom of Repugnance: Why We Should Ban the Cloning of Humans,* in THE HUMAN CLONING DEBATE 137, 148-149 (Glenn McGee, Arthur Caplan eds., Berkeley Hills Books, 4th ed., 2004)。

客製化需求，且可透過更精進之基因工程改善人類物種或預防幼童之嚴重畸形，但此項生殖技術之預期效應，往往與惡名昭彰之優生學劃上等號。

優生學一詞，一般而言係指經由諸如人口控制、強制結紮、指定配種或其他類似之政策，試圖優化或提升特定政治社會或人種基因體組成內容之計畫[121]。於二十世紀初期，此種所謂偽科學曾盛行一時，蔚為風尚，政府透過公部門鼓勵擁有所謂好基因者生育子女，以培養更多更優秀之人種，但亦同時勸阻擁有所謂壞基因者生育子女。

從德國納粹政權利用此一理論強行對於包括智障、精神分裂、癲癇、失明、酒癮和身體畸形等當時被認為係遺傳性殘疾者進行絕育開始，優生學一詞即始終無法擺脫世人所給予最為負面之名聲，人們無可避免地往往將優生學與德國納粹所為恐怖迫害及非自願性結紮，甚至該政府所做系統性處決等惡行惡狀連結在一起[122]。

在政府已不能深刻干預複製施作之現代民主社會裡，透過自由市場機制集資所支持之優生計畫，已不再如以往於二十世紀所執行之優生寶寶和優生種族計畫，政府對於基因庫專斷獨裁或為政治勢力所掌控之情形亦已不復存在。然而，縱使如此，與人類克隆緊密結合之基因工程，仍將有造成人類基因多樣性實質減少

---

[121] 參見 THE PRESIDENT'S COUNCIL ON BIOETHICS, HUMAN CLONING AND HUMAN DIGNITY: AN ETHICAL INQUIRY 107 (The U.S. Government Printing Office, July 2002)。

[122] 參閱 KERRY LYNN MACINTOSH, ILLEGAL BEINGS: HUMAN CLONING AND THE LAW 39-40 (Cambridge University Press, 2005)。

之效應，最後終將導致人類發生本質性之變化。因此，不論係為個人、社會、經濟或其他任何之目的，欲藉人類克隆複製技術實現嶄新現代優生計畫之方案和構想，皆應受到世人嚴肅之關注與討論。

第二項　隱私權

隱私權（Right to Privacy）似乎是一個相對簡單的概念，亦即「讓我獨自一人」之意。在健康保健及醫療照護體系，病友隱私儘管受到積極之保護，但仍有許多不足之處，其部分原因主要是因為隱私本身又是一個極為複雜的概念，且對於隱私一詞，尚缺乏一個普遍接受之定義。

依據賓州大學Anita Allen教授於《基因秘密》一書所闡述，隱私在健康照護領域可分為以下四種不同之層面：實體隱私保障任何人有隔離、獨處及不與他人接觸之自由；信息隱私保障任何人有限制他人接近其個人信息及其他秘密之權利；決定隱私保障任何人有免於他人脅迫作成決定之自由；私有隱私則保障任何人對於其所儲存生物樣品及衍生信息有專屬之權利[123]。無論如何，多數關於隱私之定義均一致肯定隱私對於一個人之個性及其人格發展確屬重要，因此，有關保障個人隱私權之法律，亦應適用於關於基因信息隱私保障之範疇。

一般而言，一個人的外表、特質和能力究非完全由其染色體DNA所決定，但毫無疑問地，某些醫療情狀確係基於其遺傳基

---

[123] 參閱Jeroo Kotval, *Genetic Privacy in the Health Care System*, in RIGHTS AND LIBERTIES IN THE BIOTECH AGE 153, 154 (Sheldon Krimsky, Peter Shorett eds., Rowman & Littlefield Publisher, Inc., 2005)。

因發生異常所致，亦是一個不爭的事實。由於源自一個人染色體所儲存有關基因組成之信息將可轉換為其個人之資訊，因此，關於個人基因隱私和秘密之問題，亦將成為另一個基本權保障之重要爭點。尤其在人類複製技術逐漸成熟且已達安全無虞之程度以後，此一爭點必定將因基因檢測寬廣度和精密度之提升而更形火紅，特別是在健康保健及醫療照護領域，基因檢測不免伴隨許多類如基因信息之傳遞未經合法授權，或其使用確有不當等情事，有關當事人經憲法保障隱私權是否遭受他人不法或不當侵害之問題，自然成為社會各界廣泛討論之焦點。

於科學家開始破解基因與生理及基因與人類行為關係之際，有關研究已確定在DNA中至少有一個或二個基因與若干複雜之行為性狀有關，但對於究竟涉及多少個基因及其運作機制究竟為何等問題，則仍然所知有限。

目前，人類基因體序列圖譜在生物學家與醫學界共同努力下已大致完成，許多與遺傳基因有關之個人信息將無可避免地會基於各種理由，而在無知或欠缺授權之情形下被公開。同樣地，不論係以生殖或以醫療為目的，在人類複製過程中所取得之基因信息，亦將面對與任何生命科學領域所面對者極為類似之窘境。是以，基因信息是否認定應屬個人隱私之範疇而應受到法律嚴格之保障，則亟待確認。

另一方面，保密之概念，係指個人資訊在人與人之間傳遞時，信息收受者如健康照護專業人員將不會把該項信息揭露予第三人。進一步言，保密之義務，旨在確保病友能藉由決定私人信息應向何人揭露、應在何時揭露及應如何揭露，而充分掌握其個

人之隱私[124]。

事實上，在進行基因檢測的家庭成員間，已經發生因個人資訊交叉比對與分析而造成機密信息外溢之情事，尤其在對於同卵雙生雙胞胎進行基因篩檢時顯得特別明顯。由於其遺傳基因幾乎完全相同，因此如其中一位雙胞胎之遺傳基因經檢測呈現異常，則無異同時診斷出另一位雙胞胎之遺傳基因亦屬異常。

誠然，保守秘密資訊固屬重要，但絕不能斷然成為阻止人類應用生物複製技術以拓展醫療資源之充分理由。相反地，為強化額外保護措施以避免病友資訊蒙受潛在濫用風險，傳統保密方式似乎已不能再適用於有關基因資料或遺傳數據保密之範疇。

如前所述，機密之維護，是實施基因檢測最重要的環節。基因檢測是從受檢者染色體DNA序列、染色體結構及基因顯現等因素，篩檢及監測與遺傳性狀有關之疾病、體質或個人特質等。由於基因檢測具有在遺傳性狀表現前，精準評估受檢者對於某些疾病和失能固有風險之預測能力，故而導致其檢測結果經常為人所誤用。

甚且，如基因測試一旦與胚胎選取或處置相結合，則將可能引發人們對於基因歧視之恐懼。同時，雇主和保險公司基於求職者或申請人之基因傾向而拒絕雇用或加保之事件亦層出不窮，對於社會經濟亦將造成嚴重之疲弱與傷害。是以，由於基因信息承載大量個人或家庭之遺傳資訊，其機密性自應較一般信息受到更嚴謹之保護。因此，確保基因檢測結果之機密性及建立妥適接近

---

[124] 參閱William J. Winslade, *Confidentiality*, in ENCYCLOPEDIA OF BIOETHICS 452 (Warren T. Reich ed., Simon and Schuster Macmillan, 1995)。

基因信息之法制，應係檢討基因資訊保護最重要之兩大課題[125]。

　　值得注意者，基因信息不僅對受試者而言特別重要，同時對受試者親屬而言亦具深遠之影響，如僅為尊重受試者個人機密而一味拒絕向第三人揭露基因檢測結果，恐將與受試者親屬或家屬之福祉形成衝突，進而損及其取得及傳遞家庭遺傳資訊之利益。因此，在受試者隱私和維護基因資訊秘密之利益，與受試者家庭成員最佳利益之間取得平衡，應是各國為兼顧倫理思維與社會正義所面臨之最大挑戰。

第三項　健康權

　　當代健康權（Right to Health）之概念源自國際法上關於健康人權之保證，歸納言之，約可概分為兩個相關但卻截然不同之領域，亦即醫療領域和公共衛生領域[126]。一般而言，醫療關注個人之健康，而公共衛生則強調民眾之健康。甚且，個人健康為醫療和其他健康照護服務所關切之重點，且以治療病人身體和精神方面之疾病或失能為目標，而公共衛生則以營造及維繫民眾健康

---

[125] 參見世界衛生組織World Health Organization (WHO), *Genetic Testing*, at http://www.who.int/genomics/elsi/gentesting/en/。

[126] 參見世界人權宣言第25條、經濟社會及文化權利國際公約第12條、兒童權利公約第24條、排除一切形式種族歧視公約第5條、排除對於婦女一切形式歧視公約第12條及第14條、美洲人類權利與義務公約第11條第11項、殘疾者權利公約第25條。
聯合國經濟與社會理事會（Economic and Social Council）於2000年8月11日針對經濟社會及文化權利國際公約第12條所指最高可獲致健康標準之權利（The right to the highest attainable standard of health）通過一般性評議第14號（General Comments No. 14），成為世界各國努力實現在國際法上所保證人民健康權之關鍵指標。

生活與福祉之各種條件爲宗旨。是以,公共衛生顯然係以健康促進爲目標,且強調疾病、失能和早夭之預防。

　　1946年6月22日紐約國際衛生大會通過世界衛生組織章程,於其前言中即明白指出,健康是一種完善身心健康及社會福祉之狀態,而不僅僅是沒有疾病或孱弱而已[127]。本於上揭前言意旨,世界衛生組織即開始協助國際社會,試圖將健康思維從以生物醫學及病理學爲基礎甚具侷限性之傳統觀點,擴大延伸至更具積極意義之人類福祉範疇[128]。

　　任何人應免於任何歧視,平等享有最高可實現標準之身體和心理健康。行使健康權對於每個人各層面之生活和福祉至關重要,且爲實現人民若干其他基本自由和權利之關鍵。由於健康權往往是民眾最能輕易理解與最爲一般人特別關注之事務,其意涵眾說紛紜,甚爲模糊。反對經由生物技術操縱人類基因表現與編排者相信,由於此種技術威脅人類福祉,故而侵害人民健康權。相反地,贊同經由人類基因編排工程實現新優生學者則認爲,由於此種技術具有提升人類福祉之潛力,從而有助於人民健康權之實現[129]。

　　對於許多患有慢性疾病和身心失能的病友而言,殘疾往往會

---

[127] 參見Official Records of the World Health Organization, n. 2, p. 100。

[128] 參閱Jonathan M. Mann, Lawrence Gostin, Sofia Gruskin, Troyen Brennan, Zita Laarini, and Harvey Fineberg, *Health and Human Rights*, in HEALTH AND HUMAN RIGHTS: A READER 7, 8 (Jonathan M. Mann, Sofia Gruskin, Michael A. Grodin, and George J. Annas eds., Routledge, 1999)。

[129] 參閱Stephen P. Marks, *Human Rights Assumptions of Restrictive and Permissive Approaches to Human Reproductive Cloning*, 6.1 HEALTH AND HUMAN RIGHTS 81, 92-93 (2002)。

縮短生命及限制生活，且經常帶給自己及家人莫大之痛苦，最後造成家庭崩解與希望破滅，甚至使倖存者生命陷入冰點[130]。以研究和醫療為目的之人類複製技術將可成功地減輕病人之痛苦及負擔，並能有效地提升每位受影響者之福祉。此種生物技術可經由獨特之方式對於若干人類疾病類型進行了解，同時對於協助化學或藥物治療之評估及開發亦具有相當可觀之潛力。人類複製技術尚可與精準醫療及基因操作編輯工程相結合，以建構基因療法成功診治若干遺傳性疾病[131]。

另外，人類胚胎幹細胞之複製與擷取，對於現代醫學及藥學知識之提升亦頗具貢獻，部分科學家更期待胚胎幹細胞技術未來能以醫療、研究為目的，成功製造人類細胞和組織以進行器官移植。甚且，使用於移植手術之幹細胞，如源自接受移植者自體細胞在細胞核轉置SCNT後所複製之胚胎，由於其DNA幾乎與受移植者DNA完全相同，其所產生之移植細胞、器官或組織受到身體排斥之風險自然大為降低。

然而，與取自人體視網膜、骨髓或脂肪之幹細胞比較，人類胚胎幹細胞是否獨具醫療前景，以及製造克隆胚胎作為幹細胞之來源是否蘊涵於人民健康權道德價值之內等問題，值得科學及應

---

[130] 參見THE PRESIDENT'S COUNCIL ON BIOETHICS, HUMAN CLONING AND HUMAN DIGNITY: AN ETHICAL INQUIRY 129-130 (The U.S. Government Printing Office, July 2002)。

[131] 參見Id., at 131-133; Rideout III, W. M., *et al.*, *Correction of a Genetic Defect by Nuclear Transplantation and Combined Cell and Gene Therapy*, 109 CELL 17, 27 (2002)。

用醫學領域透過辯論進行進一步之釐清[132]。

第二節　程序正義

第一項　生命權

生命權（Right to Life）一詞強調人類擁有維持生存所需一切必要權利之信念，尤其是免於遭受他人殺害之權利。一般而言，生命權之概念常聚焦於對於有關死刑、安樂死、正當防衛、墮胎和戰爭等議題之討論。聯合國世界人權宣言UDHR第3條肯定生命權之存在，並經由公民和政治權利國際公約ICCPR第6條有關「每個人擁有固有生命權。該權利應受法律保障，任何人不得任意剝奪他人生命」之規定，責成會員國肯認生命權應受其國內法完整之保障。

支持生命是生命倫理各種觀點和運動之核心價值，亦為號召反對墮胎、死刑、安樂死、人類克隆及有關人類胚胎幹細胞研究等作法之鮮明旗幟。支持生命Pro-life一詞表達在政治和倫理上之觀點，強調所有人，包括胎兒及胚胎在內，均擁有生命權。倡導上述看法者認為胎兒、胚胎及合子是未出生之人類，與出生後之人類一樣，享有相同之生命基本權利。

然而，出生前之人類胚胎及合子擁有人類生命，無論在科學上或在道德上均毋庸置疑，惟其道德品位究竟為何，則在倫理上尚未形成定論，其生命權在法律上應否享有與出生後人類生命權

---

[132] 參見 WORLD HEALTH ORGANIZATION (WHO), A DOZEN QUESTIONS (AND ANSWERS) ON HUMAN CLONING, at http://www.who.int/ethics/topics/cloning/en/。

相同位階之保障，尚待進一步釐清。

美國田納西州最高法院在Davis v. Davis一案，對於有關胚胎法律地位之爭點作成解釋，值得參考。在本案裡，戴維斯夫婦在離婚前曾完成體外IVF試管受孕，但在離婚後針對冷凍胚胎處理問題發生爭執。戴維斯先生認為應將胚胎銷毀，而戴維斯太太則希望能將胚胎捐贈給一對不能生育又無子女之夫婦。下級法院認為胚胎是夫妻共有財產，故應允准夫妻平分胚胎。但田納西州最高法院則認定胚胎既不是法律上之人，也不歸屬於任何形式之財產。基於其所擁有人類生命之潛力，胚胎應歸屬於一種特殊之類別，且應受到法律特別之尊重與保護。有關胚胎處置之決定，僅得在法律所定政策範圍內為之[133]。

在法律實證上，將胚胎視為一個人且享有一般人生命權之著例亦所在多有，如若干中南美洲國家是。惟對於胚胎生命權之尊重與保障，應以胎兒出生權（Right to be Born）之實現為前提，如胎兒未經出生，則法律將如何保障胚胎固有之生命權，不無疑義。歐洲人權法院ECtHR在Vo v. France一案，曾將胎兒或未出生幼童是否擁有歐洲人權公約第2條之權利列為首要爭點[134]。在本案裡，醫師因誤診而試圖取出不存在於原告子宮內之環套，導致成長二十週餘之胎兒死亡，法國刑事法院以胎兒尚未存活非屬刑法第221條到第226條所稱之「人」為理由，判決醫師無罪。案件歷經上訴程序確定，原告不服，聲請歐洲人權法院裁決。

在本次訴訟中，由十七位法官組成之大法庭顯然係以較為取

---

[133] 參見Davis v. Davis, 842 S.W.2d 588 (Tenn. 1992)。

[134] 參見Vo v. France, No. 53924/00, ¶ 19 (Eur. Ct. H.R. July 8, 2004)。

巧之途徑，認定縱使歐洲人權公約第2條規定適用於胎兒，法國仍未違反該條規定，似乎刻意迴避有關胎兒是否爲歐洲人權公約第2條規定「每個人之生命權應受法律保障」所指稱之「每個人」的問題，致使前述關鍵爭點未成定論，殊屬遺憾。有關胎兒地位之疑義，仍未獲得明確且圓滿之解決[135]。

因此，歐洲人權公約保障「每個人」之生命權，但其所指稱之人是否包括爲幹細胞研究和醫療目的而產生之人類克隆胚胎，則尚有爭議。在實驗室產生之胚胎是否應視爲是「每個人」之一或至少是人類生命之存在，擁有分化能力可成爲成人的囊胚是否僅得視爲是一個不具人類生命或尊嚴之物體或物質，或其是否應享有生命權等問題，都值得各界妥慎以對。就人類複製技術長遠應用與發展而言，科學家及相關學者至少應提出人類生命無論是否在出生前後，皆有免於遭受濫用之充分論據，以使社會大眾具備足夠信念迎接未來嶄新之生命科技時代[136]。

對於有關胚胎生命權保障之立法例，愛爾蘭憲法增修條文第8條可供參考。該條規定：國家肯定未出生者生命權，在正當處遇母親平等之生命權前提下，保證法律對其尊重，並竭力以法律捍

---

[135] 參見European Convention for the Protection of Human Rights and Fundamental Freedoms *opened for signature* Nov. 4, 1950, Art. 2, 213 U.N.T.S. 221 (entered into force on 3 September 1953); Tanya Goldman, *Vo v. France And Fetal Rights: The Decision Not To Decide*, 18 HARVARD HUMAN RIGHTS JOURNAL 277 (Spring 2005)。

[136] 參閱James Keenan, *Casuistry, Virtue, and the Slippery Slope: Major Problems with Producing Human Embryonic Life for Research Purposes*, in CLONING AND THE FUTURE OF HUMAN EMBRYO RESEARCH 67 (Paul Lauritzen, ed., Oxford University Press, 2001)。

衛及維護該項權利。

　　基於上述，醫師應遵守醫事委員會所發布之行為指引，如有違反，將受愛爾蘭政府吊銷執業執照之制裁。醫事委員會指引規定，為實驗目的創造新型式生命，或蓄意或故意毀壞業已產生之人類生命，為不當專業行為。同時，該指引並明定，為實驗目的意圖育成胚胎之行為，亦屬不當專業行為[137]。由此可知，愛爾蘭在其國家政策及法律制度中，似已明確表達積極保障胚胎生命權之強烈立場。

第二項　自主權

　　自主權（Right to Autonmy）係指個人有免受他人脅迫、不當影響和外在限制作成自主決定，以及依據自我價值作成決定和付諸行動之權利。個人之自主應以他人之尊重為前提，惟尊重他人之意涵或許存在多種面向，但仍應以尊重個人及其個人作成之決定為核心，此一概念更與若干重要之倫理思維連結，包括肯定和尊重他人之固有價值，肯定對於個人福祉、幸福及道德發展自主決定之價值，以及尊重在自由民主制度中包括選擇自由在內之個人自由等。

　　惟應注意者，個人自主不應僅是自由與知情選擇之意涵而已，尚應包括肯定個人選擇之內涵及個人自主能力之發展等在內，始屬周延[138]。是以，關於孕育子女之決定，人民享有自主決

---

[137] 參見 MEDICAL COUNCIL: A GUIDE TO ETHICAL CONDUCT AND BEHAVIOUR 26.1-26.2 (1998)。

[138] 參閱 S. Dodds, *Choice and Control in Bioethics*, in RELATIONAL AUTONOMY IN CONTEXT: FEMINIST PERSPECTIVES ON AUTONOMY, AGENCY AND THE SOCIAL SELF 213-

定之權利，非依知情同意相關規定，政府不得任意干涉。

　　知情同意之概念源自於個人自主之原則，是建構當代生命倫理學之重要論述之一。如果納粹實驗和塔斯基吉梅毒研究之被害人完整知情且有參與或不參與實驗之自由，則他們就不至於受到傷害。自主之目的在於使每個人可基於自己之價值判斷，作成對於自己最好之決定。一般而言，每個人會較他人更了解自己之價值取向，因此，他人即使有為自己作成最好決定之打算，亦不如自我決定來得利己[139]。

　　是故，基於類如自主和尊重他人等義務論上之倫理原則，在人類應用生物複製技術實施研究或進行治療程序前，應儘先取得受試者或參與者本於自由意志之知情同意，如此，個人自主始可受到基本之尊重。

　　以人類複製為例，為協助複製研製參與者作成知情同意，同意文件之內容應包括但不限於所有將對參與者實施之程序，其性質、步驟、風險、成本和期望等。複製克隆程序成功和失敗之可能性，以及對於育成胚胎之使用、貯存、移轉、釋出、處置、捐贈或終極拋棄、銷毀等，於上述同意文件中亦應一併敘明。

　　知情同意之目的，乃係為提供克隆複製程序參與者充分之信息，使其足以對即將經歷和忍受之程序作成智慧之決定。例如，於開始進行體細胞核轉置SCNT程序前，應要求參與者核實詳閱及逐一簽署知情同意文件，並交由施作機構署名，以示負責。知情同意文件之格式應力求詳盡，且其內容亦應以參與者容

---

235 (Catriona Mackenzie, Natalie Stoljar eds., Oxford University Press, 2000)。
[139] 參閱 JONATHAN BARON, AGAINST BIOETHICS 97, 106-109 (The MIT Press, 2006)。

易理解之語言文字和文化水平撰述。

　　然而，有關個人自主適用於人民生殖選擇之概念，是否蘊涵選擇包括人類克隆複製技術在內之各種生殖設施之權利的問題，似未臻明確，仍有待釐清。如生殖權歸屬為人民積極權之範疇，則國家即有義務和責任提供可滿足人民生殖所需之各種可行方案，以實現人民自主決定之權利。

　　在另一方面，如生殖權僅得歸屬為人民消極權之範疇，則國家將有義務和責任避免使用不受歡迎之權力，干涉人民所享有行使自主決定選擇生殖設施之權利。惟無論站在何種立場，基於個人自主權之行使所作成有關生殖之決定，由於其具有最崇高之道德價值，故應值得他人給予最崇高之尊重。

　　對於克隆複製所涉及有關自主權和自主決定之問題，在細胞核捐贈者方面，似可循知情同意原則獲得解決。一般而言，從實驗室育成之人類胚胎在技術上仍屬一個人為之組織體，即使他日出生且成為一個完整之個人，至多只不過是一個人類蓄意決定和咨意行動之傑作而已，除隨機突變者外，克隆與細胞核捐贈者在遺傳基因上之變異性幾乎無可期待。基於個人之獨特性，如因人為因素造成兩個以上之人之基因完全相同，則將違反道德與倫理常則，故如未經捐贈者知情同意，法律上自應予以明確禁止。

　　至於經由人為操控所育成之克隆人方面，由於在啟始人類複製程序之前，不僅克隆無法自由行使自主決定之權利，同時施作機構在事實上亦不可能儘先取得克隆任何形式之知情同意文件。此種處境，似與醫療機構未經病人之認知或同意，而逕自從其被丟棄之檢體中取得染色體進行細胞複製研究之情形類同。自主權係以尊重及保障個人之自由意志及自主意識為宗旨，如該個

人並未存在，則該項權利所表彰之倫理價值自然無所附麗。

於此，關注焦點應置重點於克隆胚胎育成者之行為動機上，如其啓動人類複製程序僅純然係為滿足個人私益所致，並未關乎任何公共利益，則該項人類複製行為顯已違反生命倫理常則，且有進一步蒙受法律非難之可能。正如康德義務論所闡釋，使用人性之行為，無論是為自己或為他人，僅得總是作為目的，而不得作為手段[140]。

因此，每個人皆有免於他人獨斷決定之自由。任何人如以生出同卵雙胞胎為目的，作成採取無性複製程序進行生殖之決定，且將分裂育成之胚胎植入母體子宮，使其成長發育成為胎兒，由於該項複製施作行為涉及獨斷施加完全相同遺傳基因於他人身上之情事，克隆胎兒如經出生，應有適用上述原則主張免於他人恣意決定之餘地。

第三項　拓展權

拓展權（Right to An Open Future）一詞，最初於1980年由美國學者Joel Feinberg所提出，渠認為本權利之基礎源自於成年人之自主權，係專屬於幼童之道德權利。一般而言，拓展權保障幼童在有自主能力前，免於由他人決定自己重要之人生選擇。是以，拓展權之概念，應包括父母及他人對於幼童之限制，以及父母及他人對於幼童之責任等[141]。

---

[140] 參閱Christof Tannert, *Thou Shalt Not Clone: An ethical argument against the reproductive cloning of humans*, 7.3 EMBO REPORT 238-240 (2006)。

[141] 參閱Joel Feinberg, *The Child's Right to an Open Future*, in WHOSE CHILD? CHILDREN'S RIGHTS, PARENTAL AUTHORITY, AND STATE POWER 124-153 (William

　　然而，縱使如此，拓展權一詞仍不易界定。部分學者指出，拓展權闡明父母及他人之責任，係在協助子女及幼童於成長過程發展務實判斷與自主選擇之能力，以及至少應培養子女及幼童自行選擇社會提供不同人生規劃所需要之合理技能與能力。依據上述觀點，父母及他人將自己認為美好人生之看法勉強施加予子女及幼童身上，而關閉大部分可供子女及幼童選擇之機會，此種舉措應屬錯誤[142]。

　　基於上述，拓展權之概念，本屬關於父母及他人為子女及幼童之未來人生作成重大環境選擇之意涵，但是否適用於父母及他人為子女及幼童之遺傳基因作成重要選擇之情形，則不無疑義。杜克大學Allen E. Buchanan教授認為，為避免子女及幼童無法選擇未來自認為較合理之人生計畫，父母及他人不應為其作出關於環境方面之重要人生選擇。此一原則，亦應適用於有關遺傳基因之選擇上[143]。

　　許多學者認為，人類利用生殖性複製和基因工程等生物技術孕育幼童，將嚴重貶損此類幼童對於未來之自主地位，故應予以禁止，甚且若干國家業已通過相關法律，明文禁止人類利用克隆技術和基因工程繁衍後代。其他持反對立場者亦認為，克隆兒就是一個已經存在的人之複製品，由於在各方面皆與捐贈者相

Aiken and Hugh LaFollette, eds., Rowman and Lettlefield, 1980)。

[142] 參閱 ALLEN E. BUCHANAN, DAN W. BROCK, NORMAN DANIELS, DANIEL WIKLER, FROM CHANCE TO CHOICE: GENETICS AND JUSTICE 170 (Cambridge University Press, 2000)。

[143] 參閱 Joel Feinberg, *The Child's Right to an Open Future*, in FREEDOM AND FULFILLMENT 76-97 (Princeton University Press, 1992)。

同，故而不僅在人格上欠缺獨特性，且其整個人生亦缺乏開創性。

惟部分學者則主張，政府強制或指定使用此類生殖技術固應予以避免，然在倫理與法律上，已經存在的人之權利應較未來可能存在的人之利益優先考量，是故爭議之焦點應著重於對於準父母生育權之保障，亦即政府是否應提供人民足夠之生殖方案，並允許人民可在多重選項中選擇生物複製技術，作為滿足其生殖權之途徑[144]。

整體言之，無論係在生殖性複製之領域，或係在醫療性複製之領域，政府於建構有關生物技術應用於人類複製之國家政策時，除應在法律上落實捐贈者或參與者關於生育權、健康權或自主權之保障外，亦應在倫理上兼顧所牽涉無數克隆胚胎和無數無辜育成幼童之生命權、拓展權和未來人生之獨特權、自主權等，不宜偏廢任何一方或忽略任何範疇之最適利益。

第三節　憲法審查

第一項　正當程序

在正義原則之下，正當程序（Due Process）之共同認知為「非依正當法律程序，任何人之生命、自由或財產不得被剝奪」[145]。美國聯邦最高法院肯定正當程序保障人民實體性權利和

---

[144] 參閱M. Mameli, *Reproductive Cloning, Genetic Engineering and the Autonomy of the Child: the Moral Agent and the Open Future*, 33 J. MED. ETHICS 87 (2006)。

[145] 參見U.S. CONT. Amends. V & XIV。

程序性權利免受政府無理由之侵犯。實體性正當程序保證人民經憲法肯認之權利和自由;程序性正當程序則不僅確保人民權利和自由無須遭受不合理侵犯而公平實現,而且要求政府在作成實質影響人民權利和自由之決定時,其過程應公平、公正與透明。

聯邦最高法院進一步闡明,個人權利或自由之享有或行使,如可表彰人類尊嚴之存在與價值,則該權利或自由即應屬基本。政府對於該類基本權利或自由所為任何形式之侵犯,將會受到司法機關嚴格基準之檢驗,審理法院將採取最嚴謹之規格對系爭政府行為進行司法審查。除非政府確能證明其行為係一個經過嚴密裁製,且係為達成類如國家安全或公共衛生等優勢性國家利益所必要之最少限制手段,否則其行為甚難於法院採取嚴格檢驗基準進行司法審查之情形下,例外被認定為非屬違憲而能存活下來[146]。

惟應注意者,即使在當代,人類克隆複製技術仍未臻成熟,該類技術尚不足以為生殖目的孕育任何具存活力之克隆人,或為研究或醫療目的育成任何具功能性之克隆胚胎。由於此類技術對於相關權利和自由尚未造成任何實際之傷害或構成任何即刻之危險,在有真實案件或爭執入秉法院聲請裁決之前,憲法正當程序原則對於人民權利和自由之保障雖具深遠影響,但仍不會成為有關訴訟爭辯及審理之焦點[147]。

基於憲法實體性正當程序之保障,生殖性複製權如經確認係

---

[146] 參見Roe v. Wade, 410 U.S. 113 (1973)。

[147] 參閱Sheils v. University of Pa. Med. Ctr., 1998 U.S. Dist. LEXIS 3918 (E.D. Pa. 1998); 7 Am. Disabilities Cases (BNA) 1499。

屬基本權利之範疇，政府為限制或禁止人民行使此項克隆權，至少應證明其行為係為實現一個優勢性國家利益所必要，否則將無法正當化政府侵犯人民基本權利之行為。在此，關於優勢性國家利益是否存在之問題，學者提出有關看法。

若干學者認為，政府限制或禁止人民行使生殖性複製之權利，係為避免育成嬰兒忍受身體殘缺病痛所必要之手段。其他學者亦表示，政府限制或禁止人民行使生殖性克隆之權利，係為防止克隆幼童遭受社會烙印和心理傷害所必要之手段。

然而，上述理由似嫌薄弱，相較於國家安全或公共衛生等目的仍有差距，其是否足以正當化政府限制或禁止人民行使基本權利之行為，尚有疑義。但退一步言之，如生殖性複製非屬基本權利之一，則僅須證明防止對於克隆幼童造成傷害之重要政府利益確實存在，即可正當化政府限制或禁止人民行使生殖性克隆有關權利之行為。在此，法院將採取合理檢驗基準進行司法審查，政府行為於法院進行司法審查後被認定為非屬違憲而存活下來之機會自然大幅提高[148]。

上述論述，亦可適用於關於醫療性複製權利之分析方面。支持憲法基本權保障應延伸至人類醫療性複製之學者認為，醫療性複製權應歸屬於人民憲法保障科學探知自由之範疇，而該自由應包括獲取有用知識之權利在內。專利制度之存在，即是人類社會具有促進和保護科學探知與創造發明悠久傳統之重要明證[149]。惟

---

[148] 參閱Cass R. Sunstein, *Is There a Constitutional Right to Clone?* in U. OF CHICAGO PUBLIC LAW RESEARCH PAPER No. 22 (March 2002)。

[149] 參閱Lori B. Andrews, *Is There a Right to Clone? Constitutional Challenges to*

與牽涉育幼基本爭議之生殖性克隆複製技術不同，對於科學家和研究人員而言，醫療性克隆複製技術並未涉及與生殖性克隆類似之個人事務。是故，人民健康權和病人治療權在此類應用技術方面自應受到較多之關注。

醫療性複製權如經確認係屬基本權利之範疇，則政府作成任何有關限制或禁止發展和應用醫療性克隆技術之決定，將會被視為係對個人基本權利之侵犯，且將因而蒙受法院依據憲法實體性正當程序之要求，採取嚴格檢驗基準進行司法審查。

另外，對於在研究性克隆複製技術中有關胚胎或胎兒之利益，正當程序原則縱使未能發揮監督政府行為及保障基本權利之最大效果，但審查法院仍可基於人道主義之關懷與思維，在公共政策議題上嚴肅考量人類生命在生出之前，類如人性尊嚴、道德品位與其未來權利和利益等重要且值得關切之問題。

與人類克隆複製技術之發展和應用息息相關之程序性正當程序規範，在國際社會所共同簽署之相關文件中，業已提供若干實用及可行之保障模式。例如世界人類基因組與人權宣言UDHGHR和1997年歐洲人權與生物醫學公約ECHRB即要求包括由營利資助者所發動之研究在內之所有研究，應接受科學和倫理之審查，以保護參與者[150]。

歐洲人權與生物醫學公約（European Convention on Human Rights and Biomedicine）更進一步規定生物醫學提出之基本問

Bans on Human Cloning, 11 HAR. J. L. & TECH. 643, 661 (1998)。

[150] 參見Universal Declaration on the Human Genome and Human Right, Art. 5 (d); European Convention on Human Rights and Biomedicine, Art. 16 (iii)。

題，應進行公共討論[151]。經濟社會及文化權利國際公約ICESCR有關健康權部分，亦明定公眾應參與政策決定過程之相關規定。該條款規定，當事國核心且不可抹滅之義務係採取一項解決全體人口健康問題之國家公共衛生策略，該策略應經由可資參與和公開透明之程序進行設計及接受定期審查[152]。

第二項　平等保護

在正義原則之下，平等保護（Equal Protection）之概念為「所有人應享有法律之平等保護」，亦即國家應平等適用法律於所有之人，且不得給予一個人或一類之人較另一個人或另一類之人優先之對待。如現有某一則法律，其僅以種族、膚色、出生、國籍、語言、性別、男女、身分或其他具類似狀態或價值之不合理分類為基礎，對於人民行使不公平之對待，致使一部分人民之基本權利遭受侵犯，則該則法律即有可能已違反憲法平等保護原則之要求[153]。

類如前述，環顧當代科技發展進程，無論在法律上或在道德上，目前尚無任何克隆人可藉由克隆複製技術而能成功育成。因此，基於克隆人和非克隆人之間不合理分類所引致任何有關平等保護之案件或爭執，皆屬虛構與不真實，與入秉法院聲請司法審查之階段，尚存在一段相當長遠之距離。但為未雨綢繆，部分議

---

[151] 參見European Convention on Human Rights and Biomedicine of 1997, Art. 28。

[152] 參見Committee on Economic, Social, and Cultural Rights (CESCR), General Comment No.14 (2000) (E/C.12/2000/4), Para. 43 (6)。

[153] 參見Skinner v. Oklahoma, 316 U.S. 535 (1942)。

題仍值得在此預為琢磨。

憲法平等保護原則確保人人生而平等，但在應用克隆技術複製人類胚胎之過程中，將不免經歷育成、使用和銷毀尚處在胚胎階段之人類，故而使得上述平等保護原則所揭櫫之普世價值受到挑戰。人類生命一旦形成，任何人對於該生命所為之任何侵擾或破壞，除有正當理由者外，皆屬對於該生命所附麗人類平等保護之否定。論者或謂胚胎階段之人類與出生後之人類不同，除其生命權應予尊重外，不值得在法律上受到實質平等之保護。

惟上述論點並未闡明值得保護與不值得保護之分類基準究竟為何，該種分類究竟如何形成，以及分類之理由是否存在等疑義，致使有權分類者得以自由裁奪甚或恣意決定哪個人應受保護或哪種人應予拒絕，由於該論點欠缺合理性基礎，故而不足吾人採信。

質言之，一個人如缺乏正當理由而不公平地支配另一個人，即屬違反人與人之間所共同遵循之平等與均等原則。是以，對於應用生物複製技術育成人類克隆胚胎之平等保護，仍有進一步研酌確認之必要。

以憲法平等保護原則為基礎進行分析，禁止應用與發展人類克隆複製技術之法律，在法院採取嚴格檢驗基準進行司法審查之情形下，仍有被認定為非屬違憲而宣告為有效法律之空間。其有效之理由甚為明顯，首先，此種禁止使用人類克隆複製技術之法律，不分已婚或單身、異性戀或同性戀，對於所有人均一體適用。因此，該種法律並未涉及僅以人之狀態為基礎行使區別對待之情事。其次，如係為遂行某種優勢性國家利益所必要，政府對於克隆技術與其他非克隆協助生殖技術進行區分，基於憲法平

等保護原則之意旨，該種分類非屬當然違憲。

在此，假設克隆複製技術將會對於藉本技術出生之未來幼童造成身體、心理或社會等傷害，則禁止克隆技術應用於協助人類生殖有關事務之法律，必須係一個經過政府嚴謹裁製及對於人民最少限制之必要手段，且以達成保障幼童福祉之優勢性國家利益為其終極目的，如此始能順利通過法院嚴格基準之檢驗[154]。然而，如在未來，人類克隆複製技術已逐漸成熟安全，致使其帶給人類之利益明顯逾越其所附隨之風險時，則審查法院之決定是否將有所不同，仍甚難預料。

對於有限度開放人類克隆複製技術應用於生物醫學研究或疾病醫治診療領域之有關法律而言，憲法平等保護原則均等保證之爭議仍然存在，在此法律關注之焦點，應著重於何人或哪些人可開始準備前來領受生物技術應用於人類複製所致生之各種利益。1997年歐洲人權與生物醫學公約ECHRB明定當事國之責任，是提供適當品質健康照護之平等接近[155]。

世界人類基因組與人權宣言UDHGHR亦規定，生物學、基因學和醫學進步之利益，任何人均可利用[156]。決定研究應用課題雖屬科學自由之範疇，但如全球健康與衛生之目標無法經由自由

---

[154] 參閱Radhika Rao, *Equal Liberty: Assisted Reproductive Technology and Reproductive Equality*, 76.6 THE GEORGE WASHINGTON REV. 1457, 1479-1480 (September 2008)。

[155] 參閱J. RAWLS, A THEORY OF JUSTICE (Harvard University Press, 1971); Carmel Shalev, *Human Cloning and Human Rights: A Commentary*, 6.1 HEALTH AND HUMAN RIGHTS 137, 143 (2002)。

[156] 參見Universal Declaration on the Human Genome and Human Rights, Art. 16 (a)。

市場機制順利達成，則平等之考量自應成爲尋求醫療資源均等分
配之首要思維。

　　爲降低健康差異，政府應訂定指定公共資金投入研究用途之
優惠措施，以使弱勢團體之需求得以獲得優先考量[157]。然而，部
分特別是有關人類克隆之研究，或許涉及某些尚未獲致社會共識
之道德或政策議題，如缺乏私募資金，則可能無法順利進行。在
此，針對某些爭議性較少之議題，公私資金之通力合作則可列爲
優先考量，俾以有效提升研究質量。

　　綜言之，爲履行平等對待義務，國家應提供參與者與社會大
眾充分之機會和設施，以使其可完整知悉關於資源可負擔性及可
接近性等事務之知識並就該事務進行討論。

　　與過往其他歷史之變遷不同，人類克隆複製技術涉及許多前
所未有之不確定性、模糊性及在道德倫理上之困境。此項技術之
研究與發展，導致造物主與人類、自然與智慧，道德與科學及其
他類似對比關係之間形成無以倫比之緊張關係，許多國家和國際
社會顯然無法達成解決本技術所引致諸多問題之共識。人類複製
所涉及的每個問題看起來都很重要，但其對於未來人性價值之衝
擊程度究竟如何，則始終無法獲得一個較明確之答案。

　　時至今日，在法律領域和公共政策範疇最迫切需要者，應是
重建科學探知與人類價值之間之平衡與和諧。科學家不能總是把
在道德上拒絕人類克隆複製技術之論點，視爲是一個食古不化的
多烘先生。相反地，如果促進包括人類克隆複製技術在內之科學

---

[157] 參見 WORLD HEALTH ORGANIZATION, GENOMICS AND WORLD HEALTH 129-130
(Geneva, 2002)。

研究，將有助於滿足人類每一個生命不可或缺之需求，且能爲所有人類提供廣大之利益，則社會大眾對於嶄新科技之信心與期望自然大幅提升。

因此，爲加強及深化生物醫學與人類福祉間之連結，以科學和公共利益爲基礎，在不違悖道德與倫理常則之前提下，嚴謹建構關於生物技術應用於人類社會之法律和公共政策，自有其必要。

第六章
人體研究與倫理

　　人類文明之建構必須仰賴知識，而知識的累積，則須藉由人類對於宇宙與大自然之不斷探索與認知，且透過系統化與組織化的歸納與演繹，進而形成對於人類文明之延續與發展所不可或缺之各種學問。研究在此類繁複綿密追求眞理之人類活動裡，則始終扮演關鍵性與開創性之角色，唯有不畏艱辛積極果決地研究，才是確保人類文明永續不滅之契機。

　　爲探求眞理，人類經由科學、神學與哲學等面向試圖認識吾人所存在之宇宙與大自然，除仰賴神學之天啓之學及哲學之邏輯之學彌補人類智慧之侷限與瓶頸外，對於形成各種學問之知識則仍須憑藉科學之驗證之學而獲得。簡單的說，人類以周遭環境爲對象，透過科學驗證之方法進行研究，經由辯證與揚棄等過程，試圖獲得對於人類有用之知識，以提升及精進人類之生存與文明。

　　人們欲追求眞知，以周遭生存環境之萬事萬物爲科學研究對象，自屬無可厚非，但如以人類身體爲對象進行科學研究，則不免引發道德、倫理與法律之疑義。最發人深省的惡例，即是在二戰期間納粹集中營爲實施醫學研究，對於猶太人所爲背離人道主義即人類倫常經驗之人體實驗。誠然，醫學與研究各自抱持兩個不同的目的，醫學之目的乃在滿足病人之醫療福祉，並經由醫療技術嘉惠病人，相反地，研究之目的則在拓展人類之可用知識，並藉由驗證成果提升科學認知。

　　概括言之，人體試驗即是爲了解新穎醫療技術、創新藥材或嶄新醫療器材對於人類整體是否安全及對於標靶疾病是否有效，而以人類甚至是部分病人之身體、器官或生物行爲作爲研究對象，進而達成取得上述未知或未經確認科學知識之目的，則此

種對於社會整體之進步發展顯然有益之利他作為，其所提升社會效益之公益是否確能正當化對於受試對象之不利益作為。於此，以紐倫堡人體實驗惡行為前車之鑑，在社會效益與社會正義之間尋求衡平，乃成為戰後世界各國對於人體研究倫理議題攜手反思的焦點。

人類為萬物之靈，在宗教及哲學上具備遠高於動物、植物或其他一切生物之道德品位，基於生命尊重及人性尊嚴，科學包括醫學之研究如係以人類身體為對象，則研究者於研究實施時所應履行之程序或義務，勢必與以動、植物或其他生物為研究對象時大相逕庭，尤其是研究者對於人體研究之倫理素養及信念，更應是當代文明社會及國家最為關切和不容忽視的課題。

第一節　倫理之概念

第一項　倫理之意義

倫理是什麼？東漢文學家許慎在《說文解字》一書中，將倫理分為倫和理二個部分，倫為次序之意，係指人與人之間不同倫常關係所應謹守的道理；理以玉為部首，則指處理人與人之間相互關係所應遵循的準則。倫理二字合而為一即有人倫義理之意，簡單的說，就是關於倫常的道理，亦即人們在日常生活中處理各種事務，與自己、他人及自然的關係發生交錯時所應遵守的原則與規範。例如天、地、君、親、師及父子、君臣、夫婦、長幼、朋友等為倫常，而親、義、別、序、信等則為倫理者是。一般而言，倫理的概念至少可從兩個層面去理解，一個是較上位的道德原則，另一個則是較下位的倫常規範。

希臘文*ethos*與拉丁文*ethica*相同，代表倫理之意，兼具風俗、習慣、規範、良知及德性等內涵。換句話說，倫理應是人們維繫良好群己關係所應具備的行為準則。依據韋伯大辭典所下定義，倫理即是一種關於好與壞的道德責任與義務。劍橋詞典更將倫理定義為是一套以道德為基礎之行為準則。

因此，倫理規範之建構，自應以較上位之道德體系與哲學基礎為前提。同時，法律既為規範人類行為所需之最低道德標準，其與倫理之作用殊途同歸。所以，倫理應與法律並行不悖，且能補充法律之不足，人們除可經由法律規範實現正義及確保社會之安定外，亦可藉由倫理規範追求卓越及獲致社會之和諧。

第二項　倫理思維

為作成理性與適切的決定，吾人必須藉助倫理學有關道德哲學及相關準則進行道德判斷，如經過道德思維的結果認為事物確有倫理之正當性（ethically justifiable）存在，則縱使該事物的合法性未達明確的程度，甚或在直觀上屬於不法，仍為適法（legitimate），吾人應可在倫理上作成最為適切的抉擇。相反地，如經過道德思維的結果顯示事物有倫理之不正當性（ethically unjustifiable）存在，則該事物不論係在合法性未達明確的程度，抑或係在直觀上屬於合法，皆為不適法（illegitimate），吾人應可在倫理上作成揚棄的抉擇。

如以食品安全議題為例，如果你是一個沙拉油的製造商，為響應政府舊油回收再利用的政策及為投資股東創造最大利潤，不惜斥資引進國外最新設備，該設備能化腐朽為神奇，可經由過濾

裂解等新進薄膜科技程序，將最低劣的廢棄油品提煉成一般人可接近食用的純淨沙拉油。經檢視現時有效之食品安全衛生相關法令，有關食品加工與製成品販售的規範，相關法令語焉不詳，甚或完全沒有關於禁止以廢油提煉再生沙拉油之明文規定，故對於沙拉油的製造商而言，此類製造、販售再生沙拉油的行為，在科學與法律的思維之下，似乎是一個尚屬可行的方案。

然而，著手進行廢棄沙拉油的再生、加工與販售，是否是這位沙拉油製造商在倫理上最為適切的抉擇，則不無疑義。如前所述，法律著重秩序的維護，而倫理則強調和諧的建構。加工和販售廢棄沙拉油的行為縱使非屬不法，但或許仍會使這位製造商的良心感到異常困窘或不安。若此，即意謂該項行為的倫理正當性已受到質疑與挑戰。

沙拉油製造商透過倫理的思維，如認為創造股東最大利潤的道德價值，其權重顯然無法與維護廣大消費者尊嚴與權益的道德價值抗衡，則該行為即欠缺倫理正當性與適法性，應即作成停止加工和販售再生廢棄沙拉油的抉擇。但反過來說，沙拉油製造商透過倫理的思維，如認為其對於公司及股東負有追求最少成本及最大利益的經理人善良管理義務，且再生沙拉油對於消費者造成傷害之風險微乎其微，履行對於公司股東義務的道德價值，顯然逾越減少消費者微小風險或使微小風險降至零的道德價值，因此，基於權衡股東投資利益與消費者受損風險，加工和販售再生沙拉油的行為應存在倫理正當性，沙拉油製造商作成繼續從事該項行為的抉擇在倫理上仍應具備適法性。

申言之，在現代生活中，科學的知識也許可以告訴我們什麼事能夠做得到，法律的規定也許也可以讓我們知道什麼事可以去

做，但任何事物單憑科學的驗證及法律的背書，就可立即付諸實現嗎？當然不行。任何事物如僅訴諸科學與法律的思考而貿然前進，則恐難逃自我良心的反思與譴責，或是造成他人身心靈的怨尤與傷害，甚或導致人類社會及整個自然環境的淪喪與浩劫。

因此，任何事物背後所存在對於自己、他人和自然的道德危機與風險，仍須透過道德與倫理的思維進行整合與調整，冀使吾人可進一步作成毋庸背離情理法，且具備倫理正當性的行動抉擇，方為適切。然而，由於道德蘊含人類在精神及心靈層面上最高位階的良心價值與使命，足資作為吾人辨識事物大是大非本質的神旨與天職。

是故，凡事如皆訴諸道德，勢將使萬事萬物裹足不前，如因而造成人類文明的落後與停滯，豈不遺憾。因此，謹慎尋求人與自己、人與他人、人與天、人與地的卓越與和諧，透過道德哲學找出緩解諸多呈現兩難或多元困境的倫理準則，冀以作成對於天、地、人最為適切的行動方案，即是吾人進行倫理思維的宗旨與目的。

第三項　倫理準則

所謂倫理準則，係指為樹立人類行為規範之基本原則，而於規範倫理學領域所建構之哲學基礎，以作為人們在道德抉擇上的論據。規範倫理學建構倫理準則之目的，乃在使我們能夠辨明不合乎倫理的事物並予揚棄，以便順利作成最為適切的決定。經過先聖先哲的觀察與研究，倫理學為人類所實證累積有關行為規範之哲學理論與倫理模式已相當完整，其不僅對於人類個別與群體的行為產生重大且深遠的影響，同時若干規範理論更成為現今法

律與行爲規章的立論依據。

　　嚴格而言，倫理學屬驗證之學，亦爲科學之一部分，其目的乃在使人們的生命、生存與生活更爲卓越與和諧，其經由一般人長年以來代代相承對於特定事務的理性判斷，作爲驗證倫理準則理論對於世人或人類社會是否合宜的論據[158]。例如，器官捐贈經過社會若干世代理性判斷之檢驗，均認爲在道德上具有重大價值，則進行器官捐贈即屬符合倫理準則理論之決定。

　　一般而言，倫理準則理論基礎之建構，至少從探討下列三個面向出發，第一個是關於行爲之倫理面向，第二個是關於品格之倫理面向，第三個則是關於動機和態度之倫理面向。上述三個面向雖互相關連，但仍有差異。大體言之，關於行爲之倫理面向著眼於思考我應該成爲什麼樣的人，而關於品格與動機之倫理面向則著眼於探究我應該做些什麼樣的事。

　　至於蘊含道德哲學基礎之倫理準則，常爲吾人所應用分析以論述者，至少約可分爲效益論、義務論、德行論、權利論、公益論及正義論等六種，而前三者更爲開展倫理思維之最基本功夫。就其倫理基礎觀察，效益論著重於品格之面向，義務論著重於動機和態度之面向，而德行論著重於行爲之面向。關於各個倫理準則之論述，概述如下[159]。

[158] 人類追求三種學問領悟宇宙眞理，第一個是科學，又稱驗證之學；第二個是神學，又稱天啓之學；第三個是哲學，又稱愛智之學。倫理之定位與道德和法律相同，皆屬科學與驗證之學一環。

[159] 參閱史慶璞、林春元、洪兆承、蔡鐘慶，專業倫理：法律倫理，五南圖書公司，2020年2月初版一刷，頁10-14。

第一款　效益論

效益論（Utilitarianism）由英國哲學家邊沁（Jeromy Bentham, 1748-1832）和米爾（John Stuart Mill, 1806-1873）所倡導，亦稱功利論，或稱實用論，以行為的目標為導向，行為之道德性取決於行為的結果與效益，與行為的動機無關，故亦屬目的論與結果論（Consequentialism）的一環[160]。換言之，效益論以行為產生的整體效益，作為決定行為倫理正當性的基準，認為能促進幸福快樂及獲得最佳結果的行為就是善的，相反地，會導致人們痛苦的行為就是惡的。

效益論者主張效益最大化原則，認為一個行為的好壞或一個行為的價值，取決於該行為所帶來量化的幸福效益，如其效益愈大，即意謂該行為愈良善，愈能帶給我們更美好的生活，故其倫理正當性也愈高。例如，核能電廠會發生災變造成痛苦，但其發生災變的機率極低，而核能電廠在經濟上能帶給人們很大的效益，是故基於效益論，政府核能發電的決策是為良善的。

---

[160] 結果論者之倫理論述，著重在於特定情況下要做什麼才是在倫理上屬於對的事情，其所關切者，乃是對與錯的行為。結果論之核心教條即為「只要某一行為能夠帶來最好的結果，則該行為就是對的行為」。基此，吾人可使用更務實之話語作成下列結論，亦即於某特定情況下或許能有許多可被容許行使的行為，但能夠帶來最好的可預見結果之行為，才是在道德上屬於對的行為。

依據目的論理論，唯一與道德相關之行為特質就是該行為所可預見之結果。對目的論者而言，不論是說謊行為之動機，或是說謊行為之事實，都不是與道德相關之特質。目的論者並非無視說謊，而是僅堅持只有從說謊的行為所帶來可預見之結果，才是真正在道德上具有重要性之特質。

第二款　義務論

　　義務論（Deontology）以德國法哲學家康德（Immanuel Kant, 1724-1804）和英國道德哲學家羅斯（William David Ross, 1877-1971）為代表，又稱康德論，或稱道義論和責任論，渠等係以道德義務為基礎，判斷行為之倫理正當性及其道德價值。行為之道德性，除取決於行為本身的正當性外，亦應同時探求行為的動機，而非結果，故屬動機論的一環[161]。康德認為，行為應以不受外力支配的善意志與良心為動機，始具有道德價值。

　　康德主張，真正的道德義務，應是一個理性的、自律的、普遍的、絕對的及不可附加任何條件的行為責任，該項責任乃建立在自律的定然令式之上，具有普遍與絕對的效力，人們出自理性的善意志及出自自己良心的驅使，對於上述義務無條件地予以奉行與實踐，即是良善的表現，所有合理人將遵循上帝所命令及理

---

[161] 與結果論切入倫理理論之觀點不同，義務論著重於與生俱來之義務或責任，又稱為義務基礎倫理論述。義務論者強調某些行為是錯的，是因為該行為之本身使然，與該行為可預見之結果無關。某些行為縱使是為尋求在道德上可被允許之目的而行使，但仍可能被認為是屬在道德上不可被接受之行為。

基此，關於某一行為是否為對的問題，其答案不能從可能行為之結果觀察，而應從觀察行為本身之本質著手。例如，我們不可對他人說謊是一個義務，依據義務基礎倫理理論，縱使說謊的結果比實話要好，說謊仍可能被認為是錯的行為。通常言之，為引導人們履行與道德相關之義務，該類義務必須明確界定且言明禁止，例如十誠中言明禁止殺人、禁止邪淫、禁止偷盜、禁止作偽證等義務者即是。

依據結果論理論，最後可能只會有一個對的行為，但與結果論不同，義務論通常會同時存在數個對的行為。就義務論而言，既然錯的行為已明列禁止，那些所被行使未被禁止之行為就可能不是錯的行為，故而在理論上，這類行為似有可能有被認為屬於對的行為之空間。

性所依循之道德法則行事。例如，記者對一位進入火海搶救孩童的英雄進行採訪，當記者詢問「進入火場時你在想什麼」的問題時，英雄只回答「我什麼都沒有去想，只是想到救人要緊」等語。基於義務論，英雄投入火海搶救孩童的決定是爲良善的。

第三款 德行論

德行論（Virtue Ethics）以亞里斯多德（Aristotle, 384-322 B.C.）的論述爲核心，其於《尼各馬卡倫理學》一書表示：一切技術、一切科學、一切探索和一切行爲與決定，都是以獲得某些善爲目標。善爲事物追求的目的。亞里斯多德強調，人類一切活動，皆有其目的性。由於人生的最高善就是幸福，因此，獲得幸福就是達到德行圓滿的境界[162]。

然而，人的行爲是否符合高尚品德，其關鍵並不在於是否奉行至高無上的道德令式，而是取決於其慾望、情感等非理性部分是否能夠完全服從理性的原則，如仁慈、慷慨、誠實及正直等[163]。這些理性原則可經由內化過程形成個人的良好品格，並成爲自己日後判斷各種決定和行爲道德價值的基礎。

---

[162] 依據亞氏之觀點，對的行爲就是一個有德性的人在類似情況下會去做的行爲，而所謂一個有德性的人，就是一個能展現高尚品德之人。至於所謂高尚品德，就是將保證具有高尚品德之人在整體上能擁有最好生活的特質。這些特質有屬利己性的例如謙遜、勇氣、誠實，亦有屬利他性的例如仁慈、慷慨、公義，但利他之行爲終將回報於自己的昌盛繁榮之上。亞氏所指最好的生活，其實就是結合幸福（eudemonia）或具有昌盛繁榮（flourishing）意涵的生活。

[163] 與義務論相同，爲評價道德價值，德行論要求所實現之美德（virtue）與美德未實現而呈現之邪惡（vice），皆應敘明種類與內容，以判斷系爭行爲之對與錯及善與惡。

　　理性具有適當與中庸的內涵，與良善的決定和行為具備卓越與和諧的特質一致。是故，基於德性論，理性的決定和行為，就是良善的決定和行為。如慾望和情感能服從理性的原則，則出自理性原則的決定和行為，就會是一種符合德性的決定和行為，亦會是一個良善的決定和行為。德行論者強調，人們判斷行為道德價值的能力，是可以經由不斷地鍛鍊與學習而進行培養與塑造的，人們只要經常保持良善的動機，自然就能作成正確的道德判斷，發揮良好的德行，且獲致卓越與和諧的關係[164]。

　　進一步言，德行既為有德者所力行，自然而然就會成為人類持續興盛繁榮所不可或缺之行為特質。例如，一位用錢揮霍的人，經過理性原則的陶冶，成為一位樂善好施的大善人，基於德行論，此人從揮霍變成慷慨，並創造他人之幸福，即是一個可經由理性學習轉化為具有高尚品德之人之明證。

第四款　權利論

　　權利論（Rights Ethics）以英國政治哲學家洛克（John Locke, 1632-1704）為代表，其自然權利及社會契約之道德觀點，啟導日後美國獨立宣言之論述。權利論主張任何人均與生俱來享有生命、自由與財產等基本權利，不得假借任何方式或因任何決定而遭受他人的侵犯。權利論著重個人權利之享有與保障，對於他人因個人權利之行使所造成的影響與負擔則未必重

---

[164] 德行論者認為，一個人如要發展其符合道德的良善品格，自應從不斷地行使良善品德作起。德行論者雖未如義務論者強調道德義務之重要性，且列舉各種道德義務以茲遵守，但仍然肯定尊崇道德義務，的確是人們成為具有高尚美德之人的途徑之一，例如一個人如果持續遵守誠實法則，則他或她終將成為一個誠實的人。

視，故如個人權利與社會整體利益發生衝突時，該個人權利仍應優先考量。例如，擁有槍械是美國憲法保障的基本權利，當該項權利與社會利益發生衝突時，縱使在社會為避免槍械落入危險、不負責任或精神異常者之手，確有訂定控管槍械規定之必要時，個人擁有槍枝的基本權利仍應受到憲法的保障。

第五款 共益論

共益論（Common Good Ethics）承襲柏拉圖（Plato, 427-347 B.C.）及亞里斯多德有關社會福利之觀點，且經法儒孟德斯鳩（Jean-Jacques Rousseau, 1712-1778）大力鼓吹，並在法國大革命中成為革命者所大聲吶喊之戰鬥口號之一，亦即博愛（fraternity），且兼具友愛、永固、團結之意涵，現今世界各國為深化永固權或團結權而協力倡議對於社會弱勢及不利益族群伸出援手濟弱扶傾，即是共益論倫理準則理論之具體實踐。

共益論者主張由於大多數人民所共同展現的公共意志，最能體現全體民眾的共同利益，因之，最好的社會，應該就是一個最能接受其組成分子表達共同意志之社會。近年在美國所倡議之社群論（communitarianism），其觀點與共益論相近，亦值得參考[165]。社群論者認為，個人之行為如可確保社會之利益，即是符合倫理的行為。個人之意志必須屈從於整體之意志，只有在社會整體的利益得到滿足時，個人的利益才能得到滿足。

為緩解整個社會因利益分歧而難以形成共識之窘境，共益論似乎較能提供一個多數人均可接受之共通價值基準。因此，共益

---

[165] 參閱 TONY HOPE, JULIAN SAVULESCU, JUDITH HENDRICK, MEDICAL ETHICS AND LAW 22-30 (Churchill Livingstone Elsevier Limited. 2nd ed., 2008)。

論者較著重社會整體之共同利益，認為所有人都是一個較大社群或團體的一分子，故每個人都應肩負起實現社群共同利益之道德責任。同時，對於他人，尤其是弱勢族群或個人，在社會的每一位成員皆應給予相當的尊重與同情，甚至應挺身而出，為消弭社會之不公平或不公益盡一己之力。例如，身為藍領階級，每個人都應該為勞工權益而打拼，就是要和自己的老闆對抗，亦應毫不畏懼。

第六款　正義論

正義論（Justice Ethics）為美國當代政治哲學家羅爾斯（John Rawls, 1921-2002）所提出，其主張正義就是公平，強調在一個平等的經濟社會中，每一位自由的公民皆應在道德上享有均等的權利。正義論認為正義之眼是看不見的，故無分貴賤、階級、地位或其他區別，所有人皆應受到公平的對待，任何人皆不可獲取比他人較多或較少的利益或不利益。正義論旨在防止在社會契約下發生不公不義的情事，且強調任何人的機會在社會上都是均等的。例如，任何人不能僅僅因為享有較多的財富或資源，而可以在器官捐贈的等待名單上占有較優先的序位。

第二節　研究倫理

第一項　研究倫理之概念

研究倫理（Research Ethics）係指為確保研究人員切實履行誠正信實的研究行為與態度，經研究機構或團體共同訂定而要求研究者遵守奉行的道德準則，其內容應包括研究方法之完善

性、研究過程之合理性、研究成果之忠實性、研究資料之正確性，以及對於研究參與者及受試者之平等對待及生命尊重等，屬於道德層次的自律性規範。

研究倫理逐漸獲得重視，應起始於第二次大戰末期，在醫學研究領域所爆發一連串之不當人體試驗案件，尤其是在紐倫堡大審期間所爆發納粹集中營以醫學研究之目的，對於被拘禁的猶太人進行慘絕人寰之人類實驗，包括進行決定哪種毒藥最快使人致命、一個人如沉入冰水中或曝露在高山上到底能活多久，以及人體器官被割下後再接回去的可能性有多大等之活人實驗，其粗暴殘忍之行徑舉世譁然且令人深惡痛絕。

有鑒於此，國際醫學界與各國政府紛紛主動遵循由納粹審判軍事法庭於1947年所定紐倫堡準則（The Nuremberg Code）10條，分別依其所議定從事人體試驗研究所應遵守之研究誠正與倫理原則，陸續於各個從事醫學研究之醫院及相關學術研究機構建立嚴密審查機制，且針對所有涉及以生命體尤其是人類身體或行為為對象之研究計畫，進行研究誠正與倫理原則之推動與輔導，冀使類似納粹集中營違反自然正義及人類尊嚴之不人道研究實驗不會再次於人類文明中出現，例如美國Institutional Review Boards（IRBs）及英國Research Ethics Committees（RECs）等倫理審查監督機構，即是為確保所有實驗研究之正當與正義，以及其進行應符合所有生命倫理規範而設置。

一般而言，凡是涉及生命的研究活動，皆屬研究倫理原則適用及關切之範疇，如係以人類為對象，由於人類在哲學角度及神學觀點皆受到最高道德品位之肯認，研究活動施作之倫理正當性更應力求完善，程序正義與實體正義要應兼籌並顧。是故，以人

類生命爲對象之研究活動應置重點於對於個人或群體的資料、行爲、心理、背景或文化等方面之調查、蒐集與運用是否公平合理與完備並符合研究誠正倫理原則，研究過程是否平等對待研究參與者及受試者且盡力維護其身心衡平與權益，以及研究活動是否尊重人性尊嚴與價值等。

在另一方面，研究活動如涉及人類以外包括動、植物及其他細微生命個體時，研究倫理則應置重點於是否解除或減緩受試生命體在研究或實驗過程中所可能遭受的痛苦及傷害，是否盡力以人道關懷的思維善待道德品位層次較高的動物。爲貫徹研究倫理目的，對於一切涉及生命現象的有關研究，研究人員在倫理審查尚未完成前，不宜貿然開始或繼續進行。

研究倫理所關切之核心議題包含甚廣，其範圍至少應包括參與研究計畫之人員、研究動機、目的、項目及預期效益，計畫招募之研究對象，如屬生命體，其道德品位究竟屬分子生物、微生物、植物、動物或人類，其他與研究計畫有關之公私立組織或機構，如經費來源、捐助或支援單位，以及其他相關人、事、時、地、物等。研究倫理審查機制即係以上述各項議題爲核心，且以生命尊重爲導向，逐步檢視各個環節研究行爲之倫理正當性是否存在。唯有當研究生命所增進之公益，明顯逾越研究對象生命所被貶損之價值時，該研究生命之行爲始得認可具有倫理正當性。

第二項　研究倫理規範

研究人員所應遵循之研究倫理規範，其名稱及類型或有不同，但大致來說，應包含各研究學門的倫理守則、各研究方法的

倫理守則、國際倫理公約、各國有關法令、公、私立機構相關政策、社群或群組各自形成的研究公約，以及其他與研究活動有關之各種研究倫理標準、準則等。

基本上，研究人員在規劃、執行、解釋與呈現研究活動的行為和結果時，應尊重不同倫理規範所欲實現的目的與宗旨，並考量不同規範間存在的衝突或牴觸，以避免產生摩擦或造成無謂之倫理爭議，同時亦須盡力確保參與者和受試者在程序上和實體上之完整權益。

國際上扮演重要傳承與領頭羊要角之研究倫理守則或公約，當推紐倫堡準則、世界醫師會赫爾辛基宣言（WMA Declaration of Helsinki）、聯合國教育科學文化組織世界生命倫理與人權宣言（UNESCO Universal Declaration on Bioethics and Human Rights）及美國貝爾蒙特報告書（The Belmont Report）等文獻。在自然科學領域深耕研究倫理以確保誠正研究思維，世界各國多已形成共識。

然而，社會科學的研究，縱使未如自然科學動輒涉及生命，但對於人類生物行為的研究亦所在多，不容忽視。在我國，為推動社會科學領域研究倫理觀念的建立與重視，科技部人類研究倫理治理架構建置推動計畫與台灣社會科學相關專業學會合作，期望在不同學門專業研究規範的思維之下，由各研究社群依據其特定研究性質，且以其在研究現場所面對各種倫理疑慮為脈絡，獨立建構各自學門之研究倫理規範，再經由學術社群自律角度進行倫理爭點討論，以促進社會科學研究人員正視研究倫理議題。

目前，經公告訂定研究倫理之學會，包括臺灣社會工作人

員專業協會社會工作研究倫理守則、臺灣社會學會研究倫理守則、教育學門保護研究對象倫理信條,及臺灣人類學與民族學學會倫理規範等。

第三項　研究倫理基本原則

紐倫堡準則、赫爾辛基宣言及貝爾蒙特報告書舉世認同,堪稱為建構研究倫理之三大基本原則,是世人進行生命及醫學研究一致推崇之倫理價值,且已成為各國建置研究倫理規範之藍本,更是適當建構人類研究倫理相關原則之基準。

第一款　生命研究倫理

生命研究倫理係以受試對象所擁有生命的道德價值為依歸,故關於研究倫理基本原則之建立,自應以生命倫理有關哲學基礎為核心。而當代生命倫理道德哲學之建立,顯然係受戰後紐倫堡準則10條所啟導[166]。該準則第1條即開宗明義闡明任何以人

---

[166] 在二戰結束前以戰犯及俘虜作為人類實驗白老鼠之情形時有所聞,甚且在國際上並無相關法則或倫理予以規範,對於此類不人道之實驗研究,多數國家選擇眼不見為淨,認為是戰爭期間之必要惡及戰爭行為所無可避免之結果。

基此,納粹被告提出美國、法國及英國亦有關於性病、疫病、瘧疾等違反倫理法則之實驗報告業經公布,其對於集中營所拘禁猶太人進行活體實驗並無不法。納粹審判軍事法庭則駁回納粹被告之論辯,除進一步基於自然法與自然正義訂定紐倫堡準則10條外,並強調並非所有以人體為研究對象之醫學實驗均違反倫理法則。

某些以人體為醫學研究對象之實驗,只要其確屬合理界定範圍內之事項,仍將可被認定為符合一般醫學專業倫理規範。納粹軍事審判法庭所訂定紐倫堡準則10條,應即是判斷某一人體醫學實驗是否確屬符合一般醫學專業倫理規範事項之合理界定依據。參閱 GEORGE J. ANNAS, PATIENT'S RIGHTS, THE RIGHT OF PATIENTS 199-202 (New York University Press, 3rd ed., 2004)。

類為對象之實驗均須於事前獲得受試者之同意之基本原則，並強調受試者之各種同意至少須具備自願、知情、自主及理解等基本特質。該準則第9條則敘明受試者可隨時隨地自由離開實驗場域。

　　紐倫堡準則所闡揚生命研究倫理原則，即以人類尊嚴與社會利益之衡平為中心，強調受試者之知情同意與自主意志必須受到研究者之尊重。其所揭櫫生命倫理原則，藉由準則條文之內容加以導讀，約可歸納為如下數點：一、受試者的知情同意須未受任何脅迫而取得；二、試驗須為獲致社會福祉所必要；三、人類試驗須以先前的動物試驗為基礎；四、預期的科學成果須能正當化所進行的試驗；五、唯有合格的科學家才可進行醫學試驗；六、身體與精神的痛苦和傷害須予避免；七、試驗未預期任何死亡或失能的傷害。

第二款　醫學研究倫理

　　由於醫學普遍係以提升人類生存及健康福祉為主要目的，故其研究將經常以人類生命為重要受試對象，有關醫學團體自發性或政策性之研究倫理公約、宣言、信條或指引等，乃自然而然地成為各個科學領域建構生命研究倫理規範的領頭羊。而1964年世界衛生組織世界醫師會，於芬蘭赫爾辛基所簽署關於醫學倫理之宣言，更是在當代國際法領域中，儼然成為世界各國所公認，係一切應用人類生命體進行醫學研究之基本倫理原則。

　　赫爾辛基宣言規範涉及人體醫學研究之臨床與非臨床試驗，概括言之，其內容包括以下數點：一、人體試驗是受試者在自由意志下經過知情同意而作成；二、受試者對於實驗內容取得

正確且完整的資訊；三、人體試驗應有利於受試者，且以人類福祉為目的；四、進行人體試驗前應先進行動物試驗；五、人體試驗應盡力避免對於人體身心的傷害，如在實驗進行中發現對人體有害則應立即停止；六、人體試驗應在合法機關的監督之下，由具備資格者進行實驗，且應事前預擬補償措施；七、受試者對於自己的身體有說不要的選擇與權利。

茲此，為完善人體醫學試驗研究計畫之施行，若干重點應列入人體審查委員會IRB之關鍵查核指標：一、研究計畫在科學上之合法性，例如該研究之目的是否具有實質意義，以及施行之手段與目的之間是否存在合理關連等；二、受試者在施行過程之安全性，例如所有合理之預防措施是否已執行，以及受試者所承受危險之程度是否可被接受等；三、作成知情同意之妥適性，例如資訊是否附有明確書面，以及其內容是否充分、誠信與均衡等；四、受試者招募之自主性，例如研究者與受試者之間是否存在潛在威懾或壓迫，以及研究者招募受試者時是否給予過度壓力等；五、受試者行為能力之完整性，例如受試者是否具有完全之行為能力作成參與試驗研究之決定，以及未具完全行為能力受試者之招募程序是否妥適等；六、個人資訊之機密性，例如研究者接近機敏資料是否經受試者同意，以及防止非研究者接近機敏資料之保護措施是否妥適等[167]。

第三款　人體研究倫理

美國國家生物醫療及行為研究人體受試者保護委員會

---

[167] 參閱 TONY HOPE, JULIAN SAVULESCU, JUDITH HENDRICK, MEDICAL ETHICS AND LAW 217-223 (Churchill Livingstone Elsevier Limited. 2nd ed., 2008)。

（National Commission for the Protection of Human Subjects of Biomedical and Behavior Research）於1978年製作貝爾蒙特報告書，除對於生物醫學研究者的行為進行約束外，並藉由本報告書闡明保障研究參與者及受試者之核心倫理原則，其內容包括尊重個人、善意不傷害及正義等三大原則，分述如下。

第一，尊重個人原則，亦即研究者應尊重研究參與者及受試者於研究過程中的自主性，參與者及受試者可決定是否參與研究、是否參與某些程序、是否分享某些經驗，或在不影響權益情形下退出研究等。資訊不充分、說明不明確或有外力介入等情事，皆為影響參與者及受試者行使決定的因素。

第二，善意不傷害原則，亦即研究應在增進參與者及受試者、其所屬社群及社會全體福祉的前提下進行。研究者應盡力降低研究帶給參與者及受試者傷害的可能性，並致力提升研究對於參與者及受試者、所屬社群或社會全體的利益。

第三，正義原則，亦即研究者應承擔公平且平等對待他人之責任。如研究使參與者及受試者增加受傷害的程度時，研究者應考量參與者及受試者權力不對等情形、缺乏理解能力或欠缺為自己辯護或保護自己權益等情事，且研究風險與利益亦不應集中於特定參與者及受試者的身上。

以人體研究法第4條第1項規定所指稱從事取得、調查、分析、運用人體檢體或個人之生物行為、生理、心理、遺傳、醫學等有關資訊之人體研究為例，為實踐以人類生命體為對象之研究倫理原則，吾人應從下列三個層面著手。第一層面，尊重個人，要使受試者作成認知與自主的知情同意；第二層面，善意不傷害，要仔細進行受試者風險與公共利益的評估；以及第三層

面，履行正義，要對於受試者的招募地位詳實評估。

在人體研究之情形，所謂知情同意，應至少包含受試者作成決定所需經歷的三個思維內涵，亦即認知、同意及自主等。認知係指研究人員應以受試者可以理解之方式，主動且明確地告知受試者關於研究進行之相關資訊，包括研究目的與期程、主持人姓名與研究機構名稱、研究經費來源與研究內容、受試者權益與合理範圍內可預見風險、隱私權保障與研究者義務，以及研究致生損害之賠償與補償機制等，期使受試者能概括理解其所將參與之研究活動。其次，同意則指受試者在作成參與研究活動的決定時，應具備足夠的理解與判斷能力。最後，所謂自主，應指受試者係在完全的自由意志下作成自願性的決定。

我國人體研究法闡明研究倫理之內涵頗為深刻，其於第2條規定：「人體研究應尊重研究對象之自主權，確保研究進行之風險與利益相平衡，對研究對象侵害最小，並兼顧研究負擔與成果之公平分配，以保障研究對象之權益。」同法第12條至第14條及第21條並完整規定受試者權益，包括福祉、自主、知情同意、隱私、去連結化及正義等內涵，與國際上所共同遵循之生命研究倫理原則接軌，值得吾人推崇。

第三節　人體研究

第一項　人體研究之概念

所謂人體研究（human subject research），其涵義甚廣，舉凡以人類身體及行為舉止為對象所為之生物性研究，皆屬人體研究之範疇。換言之，除法令另有規定外，凡以研究為目的，

取得、分析、調查人體之組織或個人之行為、理念、生理、心理、社會、遺傳，以及醫學有關資訊之過程，皆屬人體研究之範疇。惟人體研究應以增進人群之福祉為目的，且應本於尊重受研究者之自主意願及保障其隱私與健康權之原則為之[168]。

　　至於人體，應係指一個活著的人類個體，研究人員透過介入或互動等方式對其進行研究，以期獲得有關數據或可資識別的生物信息。人體研究之對象除可識別個體的人類器官、組織和體液外，尚包括源自上述個體之圖像、文件或紀錄等資訊。人體研究法第4條第1款規定：「人體研究（以下簡稱研究）：指從事取得、調查、分析、運用人體檢體或個人之生物行為、生理、心理、遺傳、醫學等有關資訊之研究。」同時，同條第2款並規定：「人體檢體：指人體（包括胎兒及屍體）之器官、組織、細胞、體液或經實驗操作產生之衍生物質。」人體研究之概念，經由上述立法解釋而獲得較為明確之界定。

　　惟人體研究之範疇，尚不包括單純施行之社會行為科學研究（即研究人與外界社會環境接觸時，因人際間的彼此影響產生之交互作用），以及純粹行使之人文科學研究（即以觀察、分析、批判社會現象及文化藝術之研究），是應注意[169]。與人體研究涵義相近之概念，尚有人類實驗（human experiment）、人類研究（human research）及人體試驗（human trial）等。

　　人們為闡明某種現象或驗證某種理論而進行系統性及組織性

---

[168] 參照前衛生署96年7月17日衛署醫字第0960223088號公告人體研究倫理政策指引第1點、第2點。

[169] 參照前衛生署101年3月22日衛署醫字第1010064538號函。

之科學研究，並藉由反覆試驗以觀察其物理性化及化學性之消長與變化，稱為實驗。如實施此類實驗係以人類為對象，則稱之為人類實驗。由於人類實驗多著重科學驗證之結果而輕忽受試人類之生命與尊嚴，因此極易引致違反倫理之疑慮。二戰末期部分猶太族裔族群淪為德國納粹一連串不人道科學實驗之對象，即是近代不當人類實驗的惡例。

其次，所謂人類研究，依據行政院國家科學委員會推動專題研究計畫研究倫理審查試辦方案所示，則係指以個人或群體為對象，使用觀察、介入、互動之方法或使用未經個人同意去除其識別連結之個人資料，而進行與該個人或群體有關之系統性調查或專業學科的知識探索活動[170]。

依據上述試辦方案之闡釋，人類研究之概念，應較人體研究更為廣泛，舉凡未經受試人類同意之個人資料的整理與探索等，均屬人類研究之範疇。為正視科學發展及創新與人類研究息息相關，對於受試人類在倫理與法律方面之權益仍應受到重視，故而廣設各種保護機轉與制度，以確保人類研究之良善性與正當性，尤其是有關涉及人類研究參與者之研究倫理部分，更是持續落實學術研究永續性與公益性所不可或缺之前提條件。

至於人體試驗，我國醫療法第8條第1項規定，係指醫療機構依醫學理論於人體施行新醫療技術、新藥品、新醫療器材及學名藥生體可用率、生體相等性之試驗研究。是以，人體試驗亦屬人體研究之一環，應無疑義。另人體試驗管理辦法第2條並規定，新藥品、新醫療器材於辦理查驗登記前，或醫療機構將新醫

---

[170] 參照科技部104年1月12日科部文字第1040003540號函。

療技術列入常規醫療處置項目前，應施行人體試驗研究[171]。

　　茲此，人體試驗乃係著重於醫療機構針對新醫療技術、新藥品、新醫療器材及學名藥生體可用率、生體相等性等而對於人體所進行之試驗研究。是故，非醫療機構對於人體進行試驗研究，雖可能屬於人體研究或人類研究之意涵，但顯非現行法制對於人體試驗所涵攝之範疇。

　　換言之，人體研究爲人體研究法規範客體，人體試驗爲醫療法規範客體，而人類研究則爲國科會研究倫理審查試辦方案適用客體，至於涵義最爲廣泛之人類實驗雖可受到國際法或有關國內法律之拘束，但就目前生物科技領域建制相關法令而言則似有缺漏，現階段僅可藉由生命倫理、研究倫理及人道關懷等有關上位道德哲學進行道德勸說或倫理說服，甚而透過相關專業社群團體如醫師公會所建構自發性自律自省機制予以規範。

　　上述四個概念雖各有其範疇，但不免仍有涵義交錯之處，爲嚴謹計，於文義適用及意涵界定時，仍應注意其各別之差異，以避免因混淆使用而造成法令規範在施行上及執行上之困擾。

---

[171] 依據藥事法第42條第2項授權訂定藥品優良臨床試驗作業準則，該準則第3條第1款規定，臨床試驗係指以發現或證明藥品在臨床、藥理或其他藥學上之作用爲目的，而於人體執行之研究。
　　行政院版再生醫療施行管理條例草案第3條第4款針對再生醫療臨床試驗，明定係指醫療機構或經中央主管機關公告之機構，以發現或證明再生藥劑或再生醫療技術於臨床、藥理之作用或疾病治療爲目的，而對受試者人體所爲之研究。
　　由於臨床試驗（clinical trial）亦屬人體研究之概念，且與人體試驗意涵相近並有重疊之處，故醫療機構在實務應用上極易形成互用或混淆之情形。

第二項　研究對象之保障

　　徒法不足以自行，有關人體研究之倫理與法律等規範縱使建制完成，仍須仰賴政府及有關機制予以推動與落實，於研究及醫療機構經主管機關核准成立之人體研究倫理審查委員會IRB則始終扮演人體研究把關與監督之角色，並藉其完整審查機制，冀使所有關於生命尤其是涉及人類之科學研究行為，皆能符合倫理及法律之規定，不容忽視。

　　實施以人類為對象之醫學研究時，亦應遵循所有醫師或醫療機構施行醫療行為於人類時所應遵守之標準。是以，研究對象於進行研究程序前應給予適當之知情同意，研究對象之自主意志亦應受到研究人員之尊重，如於研究進行中獲得研究對象之私人資料，研究人員及機構並應嚴格遵循守密原則保守研究對象之機敏資訊。倫理審查委員會以生命尊重與人性尊嚴二源發性人權意識為基礎，並以紐倫堡準則、赫爾辛基宣言及貝爾蒙特報告三種結構性規範為經緯，本於疑義推定之前提對於人體研究計畫有關研究人員、研究動機、目的、項目及預期效益等關鍵性議題進行倫理層面之審查。其次，對於研究參與者或受試對象之生命狀況、自主認知、自由意志及有關福祉等事項進行縝密檢視，期待經由相關倫理及法律規範之制約，以確實避免在較弱勢之受試方發生類如權力不對等或利益不平衡之情形。

　　有關人體研究之法律規範，當以人體研究法為首要，亦堪為各種人類研究相關法制之母法。人體研究法參酌美國貝爾蒙特報告，將該報告所闡述人體研究倫理原則之核心意涵予以法律化及成文化，其第2條規定：「人體研究應尊重研究對象之自主權，

確保研究進行之風險與利益相平衡，對研究對象侵害最小，並兼顧研究負擔與成果之公平分配，以保障研究對象之權益。」本規定為實施人體研究落實倫理與法律規範之共同原則。

其次，醫療法第8條第2項規定：「人體試驗之施行應尊重接受試驗者之自主意願，並保障其健康權益與隱私權。」本規定言明依醫療法施行之人體試驗應遵守人體研究法所揭示之共通倫理及法律原則。

同時，藥品優良臨床試驗作業準則第4條規定：「執行臨床試驗應符合赫爾辛基宣言之倫理原則。臨床試驗進行前，應權衡對個別受試者及整體社會之可能風險、不便及預期效益。預期效益應超過可能風險及不便，始得進行試驗。受試者之權利、安全及福祉為藥品臨床試驗之最重要考量，且應勝於科學及社會之利益。人體試驗委員會應確保受試者之權利、安全，以及福祉受到保護，且對於易受傷害受試者之臨床試驗，應特別留意。」本規定進一步闡明依藥事法進行臨床試驗，應權衡受試者之權利、安全及福祉，以及整體科學與社會之利益，只有在預期利益大於可能風險及不便之情形，臨床試驗始得進行。

至於進行人體研究之研究及醫療機構則應本於自律及負責之態度，在研究期間除應盡力維護受試者之各項權益外，更應善盡在專業及醫療上必要且嚴謹之注意義務，而受試者是否受到適當之保護，即為人體研究倫理審查委員會IRB審查之重點，亦是設置人體研究倫理審查機制之主要目的。在人體研究法第二章有關研究計畫之審查部分，其第6條所規定研究計畫應載明之事項，即包括研究對象之保障、同意之方式及內容等。因此，權益保障與同意方式，即為檢驗受試者是否受到適當保護之核心議題。

　　在受試者之權益保障方面，前衛生署訂頒人體研究倫理政策指引第3點第1項規定，人體研究應就最大之可能，以明確度可理解之方式，告知受研究者有關事項，並取得其書面之同意後為之。

　　參照同點第2項之規定，研究及醫療機構應竭盡所能依認知能力之差異，向受試者說明研究計畫之目的與內容，以及研究計畫實施之細節與受試者應配合之事項，並確保受試者全知理解其於研究期間之所有權益及風險，包括受試者個人資料及隱私之絕對保密、受試者可隨時退出研究計畫、撤回同意拒絕繼續受試、受試者疑慮諮詢及排解之所有可利用渠道，以及受試者因參與研究計畫所發生實際損害時之各種賠償補救方案等。

　　依此，人體研究法第14條第1項第5款至第7款規定，研究主持人取得研究對象之同意前，應以研究對象或其關係人、法定代理人、監護人、輔助人可理解之方式，告知研究對象之權益及個人資料保護機制、研究對象得隨時撤回同意之權利及撤回之方式，與可預見之風險及造成損害時之救濟措施等事項。在受試者之同意方式方面，實施計畫之研究及醫療機構應於計畫實施前取得受試者全知、自主及完整之知情同意。

　　由於人體研究往往涉及相當先進之生物研究技術，且於實施過程中亦可能遇到無可預期之突發狀況和不可逆轉之潛在風險，受試者同意書之內容至少應包含本項研究計畫之主要目的、有無可選擇之替代方案、是否確係受試者所自願參與之研究計畫、同意參與或未同意參與之相關權益、研究過程中所可能產生之危險、不舒服和副作用、參與研究屬完全或部分免費或應自行負擔相關費用及受試者可能支領之營養費、車馬費或其他補

助、危險事故發生後之責任歸屬和保險給付模式，以及在研究過程中受試者可接近聯絡之人員等。

人體研究對象包括自然人、胎兒或屍體。除對其集體或個別權益顯有助益，經告知其法定代理人或最適關係人並取得書面同意，人體研究不得以未成年人或弱勢者為對象[172]。為完善研究對象權益之保障，人體研究法第12條規定，研究對象除胎兒或屍體外，以有意思能力之成年人為限。但研究顯有益於特定人口群或無法以其他研究對象取代者，不在此限。研究計畫應依人體研究倫理審查委員會IRB通過之同意方式及內容，取得研究對象之同意。但屬主管機關公告得免取得同意之研究案件範圍者，不在此限。

關於研究對象同意權之行使，研究對象為胎兒時，其同意應由其母親為之；為限制行為能力人或受輔助宣告之人時，應得其本人及法定代理人或輔助人之同意；為無行為能力人或受監護宣告之人時，應得其法定代理人或監護人之同意。如遇研究對象屬於特定弱勢或社經地位不利益族群之成年人，其辨別行使同意權法律行為效果之意思能力縱有欠缺或不足，惟人體研究計畫之實施顯有益於該特定人口群或無法以其他研究對象取代時，則研究及醫療機構應依其配偶、成年子女、父母、兄弟姊妹、祖父母之順序取得關係人之書面同意。其關係人所為之書面同意得以一人行之；關係人意思表示不一致時，依上述排列先後定其順序。如於同一順序，則以親等近者優先，親等同者，以同居親屬為

---

[172] 參照前衛生署96年7月17日衛署醫字第0960223088號公告人體研究倫理政策指引第6點。

先，無同居親屬者，以年長者為先。

　　如以屍體為研究對象，關於死者同意權之行使，人體研究法第13條規定，應由死者於生前以書面或遺囑為之；如經前述關係人以書面同意為之時，該同意之內容不得違反死者生前所明示之意思表示。死者生前如作成提供研究之意思表示，且經醫師二人以上之書面證明者，亦屬死者生前同意之行使。但死者身分不明或前述關係人不同意者，不適用之。

第三項　人體檢體之管理

　　施行人體研究所取得、調查、分析、運用之人體檢體，包括人體（包括胎兒及屍體）之器官、組織、細胞、體液或經實驗操作產生之衍生物質等，於研究結束或依研究計畫所定研究材料之保存期限屆至後，應即銷毀。但經當事人同意，或已去連結（de-link）者，不在此限。使用未去連結之人體檢體逾越原應以書面同意使用範圍時，應依人體研究法有關研究計畫審查及研究對象保障之規定，再行辦理審查及完成告知、取得同意之程序。

　　未去連結之研究檢體提供國外特定研究使用時，除應告知研究對象及取得其書面同意外，並應由國外研究執行機構檢具可確保遵行我國相關規定及研究材料使用範圍之擔保書，報請人體研究審查會審查通過後，經主管機關核准，始得為之。為完善去連結化作業，研究及醫療機構應將研究對象之人體檢體，連同自然人資料及其他有關之資料、資訊等研究材料編碼或以其他方式處理，使其與可供辨識研究對象之個人資料、資訊，永久不能以任

何方式予以連結或比對[173]。

　　同時，個人資料保護法第6條明定病歷、醫療、基因等屬機敏性個人資料，如此類資料或有關資訊係因從事取得、調查、分析、運用人體檢體之研究而獲得，則不得予以蒐集、處理或利用。但有下列情形之一者，不在此限：一、法律明文規定；二、公務機關執行法定職務或非公務機關履行法定義務必要範圍內，且事前或事後有適當安全維護措施；三、當事人自行公開或其他已合法公開之個人資料；四、公務機關或學術研究機構基於醫療、衛生或犯罪預防之目的，為統計或學術研究而有必要，且資料經過提供者處理後或經蒐集者依其揭露方式無從識別特定之當事人[174]；五、為協助公務機關執行法定職務或非公務機關履行法定義務必要範圍內，且事前或事後有適當安全維護措施；六、經當事人書面同意。但逾越特定目的之必要範圍或其他法律另有限制不得僅依當事人書面同意蒐集、處理或利用，或其同意違反其意願者，不在此限。

　　甚且，參酌歐盟（General Date Protection Regulation, GDPR）第17條關於刪除權（right to erasure）或被遺忘權（right to be forgotten）之規定，當公務機關或學術研究機構針對自人體檢體所獲得有關個人病歷、醫療、基因等資訊已無蒐集、處

---

[173] 參照人體研究法第4條、第5條、第12條至第15條、第19條等規定。

[174] 參考人體資料庫管理條例第3條第5款、第6款之規定，去識別化方式至少應包括編碼及加密二項作業及過程。所謂編碼，係指以代碼取代參與者姓名、國民身分證統一編號、病歷號等可供辨識之個人資訊，使達到難以辨識個人身分之作業方式；所謂加密，則係指將足以辨識參與者個人身分之資料、訊息，轉化為無可辨識之過程。

理或利用之必要時，該個人機敏資料所屬之自然人得請求刪除
之，有關公務機關或學術研究機構自不得藉故拒絕、阻擾或拖
延。

　　此類病例、醫療、基因資訊如經提供者或蒐集者依其揭露方
式進行去識別化（de-identification）處理，使其無從識別特定之
當事人，而為統計或學術研究所必要，則可提供公務機關或學術
研究機構基於醫療、衛生或犯罪預防之目的進行蒐集、處理或利
用。如此，經由人體研究法所定去連結化作業及個人資料保護法
所定去識別化作業手續，人體檢體所衍生有關個人資料及當事人
於憲法肯認資訊隱私可得而保障[175]。

　　惟應注意者，依據人體生物資料庫管理條例自人體所採集細
胞、組織、器官、體液或經實驗操作所產生足以辨識參與者生物
特徵衍生物質之生物檢體，如係為生物醫學研究之目的，以人口
群或特定群體為基礎設置生物資料庫，則設置者應就其所有之生
物檢體及相關資料、資訊為儲存、運用、揭露時，應以編碼、加
密、去連結或其他無法辨識參與者身分之方式為之。但其生物檢
體、衍生物或相關資料、資訊為後續運用之需要，基於公共衛生
整體公益及永續研究之考量，生物資料庫以非去連結方式保存
之[176]。

第四項　基因資訊之使用

　　在醫療及研究機構經由人體研究所獲得之基因資訊，應包括

---

[175] 參照司法院大法官釋字第603號解釋。

[176] 參照人體生物資料庫管理條例第3條第4款、第18條等規定。

關於本人及其家族成員經由基因檢測所獲致之有關遺傳信息，以及家族成員疾病或異常病徵之相關資訊亦即家族病史等。家族病史包含於基因資訊的定義之內，主要係因其經常為醫療及研究機構使用作為預測及評估某人未來是否將增加罹患某種特定疾病、病徵或異常情況等風險之佐證資料。某些病徵目前縱使尚未表現，但經基因檢測結果認定具有特定疾病或變異之潛在因子存在，且其發生病變之機率已逾越一定檢測標準，則該類資訊亦屬基因資訊之範疇。

此外，基因資訊尚包括本人及其家族成員所請求或接受有關遺傳診斷和秘密諮詢服務，或參與臨床研究等之有關遺傳信息。至於，本人及其家族成員請求或接受遺傳診斷和秘密諮詢服務，所獲得有關其所懷胎兒或合法持有經由人工受孕所獲得胚胎之基因資訊，亦應包括在內，自不待言。是以，父母於子女未出生前是否有權取得所有關於胎兒之基因檢測資訊，尤其是在為避免先天有不良遺傳疾病或畸形缺陷之幼童出生，亟欲提前知悉檢測結果以便儘速安排墮胎、收養或其他規劃時，則不無疑義。

誠然，只要父母主動詢問，父母的確享有取得胎兒所有檢測資訊之權利，縱使在主張禁止墮胎之天主教醫院及醫療機構，醫師仍須斟酌父母之生育給養利益與胎兒之生命利益，適切提供父母關於胎兒基因檢測結果之所有必要資訊，甚且可同時提供父母及其親屬關於缺陷胎兒出生後之替代或協助方案之資訊，以供父母參考作成自主及知情之選擇，例如建議父母無須選擇墮胎而讓胎兒順利出生，並透過醫院或公益團體媒介配對收養父母、寄養家庭或長期照護機構等是。

司法院大法官釋字第603號解釋闡明基因資訊係屬人民可自

主控制之個人資料，享有憲法保障之資訊隱私權。至於憲法保障人民資訊隱私權之範疇，則包括保障人民決定是否揭露其個人資料，以及在何種範圍內、於何時、以何種方式、向何人揭露之決定權，並保障人民對其個人資料之使用有知悉與控制權，及資料記載錯誤之更正權。惟憲法對資訊隱私權之保障並非絕對，國家得於符合憲法第23條規定意旨之範圍內，以法律明確規定對之予以適當之限制。

依此，基因資訊為憲法保障資訊隱私權之對象。由是，基因表現前於基因體（genome）所呈現潛在特性（traits）、特質（characteristics）應屬基因資訊之內容，憲法應給予適當之保障，惟承載基因之基因體本身或其所賴以存在之細胞，甚而其所集結形成之生物個體包括胎兒或成人等，要非憲法資訊隱私保障之對象。若此，某項潛在病徵出現後，由於該基因體之基因表現既以顯現，則該類表達潛在基因體風險之基因資訊，則不再成為基因隱私保障之對象。

自聯合國基因體辨識與定序計畫圓滿完成至今，基因檢測之應用範圍甚為廣泛，政府及私經濟部門所獲得且持有保管之各方面基因資訊數量已龐大至猶如浩瀚大海，足以讓人們藉由資料挖掘（data mining）及大數據（mega data）統計分析等人工智慧技術，對於人類未來之行為、品味、傾向或人口族群在社會、經濟、政治等方面之起落、興替、消長等趨勢進行預測與評估，儼然成為另一個可以預知人類未來的神壇[177]。

---

[177] 參閱 Marcia A. Lewis, Carol D. Tamparo, Brenda M. Tatro, Medical Law, Ethics, & Bioethics for the Health Professions 190-195 (F. A. Davis Company, 7th ed., 2012)。

　　甚且，取得基因資訊之便利，更將有造成人類隱私及尊嚴遭受重大貶抑之隱憂。例如，保險機構可能在保險人前來商談健康或人壽保險規劃前，先行自雲端資料庫取得保險人之基因資訊，如其基因定序或特質在某些部分或有某些比例異於一般人，則保險機構即可能基於基因歧視之動機，拒絕保險人投保或給予較高之保費。另如於企業招募員工時，不看應徵者之專業素養或所具備之才能，而是以事前取得之基因資訊作為任用條件，則此種情形亦不免將被詬病為基因歧視。此外，基因取得之商業化及基因使用之通俗化，更將使人類之隱私無所遁形，人類之尊嚴終將蕩然無存。

　　由於基因資訊已無可避免地成為自由串流於人類社會中間之個人資訊沙河，對於基因資訊之使用自應嚴謹規劃，以避免損及個人之隱私及尊嚴。是以，於基因使用時所應保障之事項，概括言之，應包括因取得基因資訊所施行基因檢測之報告與解讀、所使用生物檢體之蒐集與利用、所取得基因資訊之安全與管理、所涉及生物資料之保密與移轉、因基因特質差異所可能引致之基因歧視之監督與防治、基因資訊所有者之人身與其機敏資料之保護與守密，以及參與基因檢測受試者同意與自主之正當與完善等。

　　參照聯合國教科文組織UNESCO於2004年在法國巴黎所議定世界人類基因資料宣言（International Declaration on Human Genetic Data）第5條之內容，人類基因資料只有在為達成下列各項目的之一時，始得予以蒐集、處理及利用：一、診斷和健康照護，包括篩檢和預測時；二、醫學或其他科學研究，包括流行病學特別是以人口為基礎之基因調查，以及人類學或考古學調

查，合稱爲醫學與科學之研究；三、法醫學與民事、刑事及其他法律程序，惟應考量第1條第(c)項之規定[178]；四、符合國際人類基因組及人權宣言與國際人權法之任何其他目的。

此外，同宣言第6條第(a)項並強調，透過透明和在倫理上可被接受之程序進行人類基因資訊之蒐集、處理、利用及儲存，在倫理上至關重要，各國應努力使社會全體共同參與尤其是以人口爲基礎進行研究之有關決策之過程。

基於隱私權及財產權之保障，使用基因資訊之主體應爲本人或經其授權使用之人，包括其他自然人或政府、醫療、研究，以及社福或長照機構等。至於使用之範圍，應以合理使用（fair use）爲標準。所謂合理使用，參酌著作權法第65條第2項之規定，除法令另有規定外，應審酌一切情狀，尤應注意下列事項，以爲判斷依據：一、利用之目的及性質，包括係爲商業目的或非營利教育目的；二、基因資訊之性質；三、所利用之質量及其在整體基因資訊所占之比例；四、利用結果對基因資訊之潛在及現在之影響。

第五項　利益衝突

基於研究對象之信賴，研究及醫療機構對於研究對象負有信賴責任，應爲研究對象謀取最大利益，避免與研究對象產生利益衝突（conflict of interest）。利益衝突常發生於本人爲謀求自我利益而損害與其具有特定關係之他人、組織或團體。如實施研究

---

[178] 該條項所稱應考量同宣言第1條第(c)項之規定，係指有關刑事犯罪調查、偵查和追訴及親子鑑定受符合國際人權法之國內法所管轄之部分，於界定第5條之目的時應予考量。

計畫之研究及醫療機構將其自身利益置於研究對象之上，則利益衝突即有發生之可能。

　　例如，醫療機構研究人員因擔心研究計畫之成果不如預期或無所建樹，因而失去政府公部門或企業廠商私部門對於計畫資金之挹注或贊助，遂提供不正確之數據資料或假造虛偽之研究成果，致使其所實施的研究計畫讓他人看起來非常地成功或盡如人意。於此，由於實施研究之一方顯然已將其利益，以不當之動機或手段且在缺乏正當理由之情形下，不公平地置於不知情之研究對象之一方，則利益衝突之事實即已形成。

　　甚且，縱使研究對象之一方在表面上似乎並未蒙受任何實質之不利益，如某醫院承接並執行某製藥廠商所委託對於其新藥進行人體試驗之研究計畫，而主持計畫之醫師洽為該委託藥廠之股東之一，如此，由於研究計畫主持人與委託藥廠之間存在財務連帶關係，研究之一方將其自身利益不當置於研究對象之一方之情形已然存在，其最終結果縱使未見實質利益或不利益之發生，但仍將使他人產生瓜田李下之疑慮，除非研究計畫主持人能提供較明確之財務報告或資料杜絕各界悠悠之口，且能獲得研究對象自主全知之知情同意，否則利益衝突仍不免形成，是應注意[179]。

　　在實施人體研究計畫之情形，研究及醫療機構因個人主觀或私下利益，將嚴重影響研究對象之權利或利益或有影響其權利或利益之虞時，應儘速終止人體研究計畫之施行。任何將形成或有形成不當影響可能的利益，不論係屬直接或間接、正面或負

---

[179] 參閱BONNIE, F. FREMGEM, MEDICAL LAW AND ETHICS 269 (Pearson Education, Inc., 6th ed. 2012)。

面、積極或消極、現時或潛在、特定或概括，甚而利他或社會的
利益，皆應予以避免。

　　爲避免因謀取利潤而對於他人、組織或團體形成不當之影
響，或杜絕研究及醫療機構爲汲取私利而對於有健康照護需求的
受治患者作成不當之決定，有關研究及醫療機構應責成醫護及研
究人員依據相關法律及自律專業倫理規範，於利益衝突發生前適
當揭露潛在衝突利益，以期採取適當行動防患於未然，則確有其
必要。

　　如此，只有在任何將對他人、組織或團體造成消極或負面影
響之潛在衝突利益有關資訊既經適當揭露，並經徵詢研究對象或
受治患者或其授權之人之意見，及取得其知情且書面之同意，而
依研究計畫施行機構或主持人專業及合理之判斷，確信相關研
究或受治對象並無蒙受不當影響之風險後，該項研究始可依預定
計畫按時檢討審慎施行。在此過程中，人體研究倫理審查委員會
IRB自始至終均應扮演監理、督導及查核人體研究計畫施行之主
導性及關鍵性角色，不容忽視。

　　值得注意者，研究及醫療機構與營利事業單位在本質上存在
不同的屬性與目的，研究及醫療機構著重於生物科技之教育研發
以提升公共的利益，而營利事業單位則透過各種商業活動以創造
最大的利潤，二者任務迥然不同。

　　惟由於研究及醫療機構爲維繫永續經營，往往需要從營利事
業單位尤其是藥廠和生技公司取得大量資金之挹注，例如與其建
立互利合約、持有股利、取得專利、協定技轉等牢不可破之關
係，而使得二者之間在立場上的差異日益模糊，甚而常使人感覺
到渠等在經濟利益上根本就是一丘之貉的疑慮，利益衝突之議題

自然逐漸受到世人的重視。在此，各種潛在利益衝突的風險，
包括負面影響研究及醫療品質，貶抑受試者權利，以及損害包括
患者在內所有信賴研究及醫療機構施行研究計畫的個人、機構或
團體之利益等。

　　基於民眾對於研究及醫療機構之信賴，政府雖應透過法律規
範積極介入此一仰賴高度專業化知識之產業，但對於在經濟上所
面對利益衝突之監管、通報及處置等問題，政府仍應酌留該項產
業充分自主及自律的空間，以容許研究及醫療機構得自行建構治
理上述問題有關策略的餘地。一般而言，資訊揭露為表彰個人誠
信最有效之手段，亦為達成上述策略最主要之配套措施。

　　為使生技研究之信賴及品質獲得確保，產業自律規範有關利
益衝突之政策自應力求精進。於建構潛在利益衝突之揭露政策
時，該項自律規範應包含以下核心內容，亦即：一、哪些人及對
於何人之經濟利益應予揭露？二、何種利益對於研究之品質及信
賴存在風險？三、資訊揭露後可有哪些管理取向？四、何人決定
及執行此項自律規範？自律性揭露政策縱使並未形成書面，仍
應開誠布公使民眾清楚認知，否則淪為眾矢之的，不啻喪失其原
有為確保研究品質及信賴而建構之初衷[180]。

---

[180] 參閱Josephine Johnston, *Conflict of Interest in Biomedical Research*, in From
Birth to Death and Bench to Clinic: The Hastings Center Bioethics Briefing
Book for Journalists, Policymakers, and Campaigns 31-34 (Mary Crowley ed.,
Garrison, NY: The Hastings Center, 2008)。

第四節　醫療生技人體試驗

第一項　新醫療技術藥品器材

　　關於新醫療生技包括新醫療技術新藥品新醫療器材等之範圍，適用上頗不一致，前衛生署曾於民國65年以衛署字第107880號函，闡釋新醫療技術係指：一、在國內或國外業經實驗室或動物實驗研究，相當文獻發表，可在人體施行試驗之醫療技術；二、在國外主要國家仍在人體試驗階段之醫療技術；三、經中央衛生主管機關公告須施行人體試驗之醫療技術。

　　惟上述解釋對於新醫療技術與常規醫療技術二者間之階段性意義仍未釐明，且有關新藥品新器材之定義亦付之闕如，致許多醫事施作在醫療行為與人體試驗的灰色地帶之間遊走，甚而脫免兩極法律與倫理之規範，對於受治者和受試者之權益及保障殊屬不利，尤其是在性質上本屬新醫療項目應經人體試驗始得列入常規項目處置之技術藥品器材，如因醫療施作機構疏忽搪塞卸責或因法制未臻完善而忽略人體試驗或形同虛設，則受治對象或許將因系爭施作逕屬醫療行為，而須自承高度醫療風險及龐大醫療費用，如受有損害，亦恐將因系爭醫療技術藥品器材僅屬人體試驗階段定位未明而投訴無門。如此兩頭落空，致民眾醫療及健康權益虛擲殆盡，實屬不妥。

第二項　人體試驗

　　為受治及受試對象提供關於健康及福利之完整保障，使其於法律及倫理免於遭受不法侵害或不當對待，本屬政府尤其是衛生主管部門之職責。有鑑於此，透過較上位之法律或法律明確授權

訂定之命令將新醫療技術藥品器材之定義與範圍予以成文化，乃逐漸形成各界共識。如前所述，醫療法第8條明定，人體試驗係指醫療機構依醫學理論於人體施行新醫療技術、新藥品、新醫療器材之試驗研究。依據醫療法第79條之1授權訂定之人體試驗管理辦法第2條規定，新藥品、新醫療器材於辦理查驗登記前，或醫療機構將新醫療技術，列入常規醫療項目處置前，應施行人體試驗研究（即人體試驗）。

有關新醫療技術藥品器材之定義，醫療法施行細則第2條明定，本法第8條第1項所稱新醫療技術，指醫學處置之安全性或效能，尚未經醫學證實或經證實而該處置在國內之施行能力尚待證實之醫療技術；所稱新藥品，指藥事法第7條所定，經中央衛生主管機關審查認定屬新成分、新療效複方或新使用途徑製劑之藥品；所稱新醫療器材，指以新原理、新結構、新材料或新材料組合所製造，其醫療之安全性或效能尚未經醫學證實之醫療器材[181]。

是以，新醫療技術藥品器材應屬具新穎性及不確定性，其安全性或醫療效能未經醫學證實，且尚未列入常規醫療處置項目或尚未辦理查驗登記；其在列入常規醫療項目處置或辦理查驗登記前，應施行人體試驗。

---

[181] 新醫療技術業務主管單位為衛生福利部醫事司，新藥品及新醫療器材業務主管單位則為衛生福利部食品藥物管理署。

除人體研究倫理政策指引屬人體研究上位倫理指導原則外，人體試驗管理辦法、新醫療技術（含新醫療技術合併新醫療器材）人體試驗計畫作業規範、藥品優良臨床試驗準則、醫療器材優良臨床試驗作業規範等，皆屬新醫療技術藥品器材人體試驗重要主管法規。

　　綜合上述，新醫療技術藥品器材應施行人體試驗研究，主要係以確保受治者之安全及新醫療品項之醫療效能而設置，故於進行新穎醫療技術藥品器材處置前，並非必定施行人體試驗之研究。依現行規定，如系爭醫療技術藥品器材已列入常規醫療處置項目，或雖未列入常規醫療處置項目，但其安全性及醫療效能業經醫學證實，其在國內施行能力亦經證實，且未經中央主管機關審查認定屬新醫療品項者，則其尚非人體試驗管理辦法第2條所規定應施行人體實驗研究之新醫療技術藥品器材。

　　至於有關再生醫療施行管理條例草案第15條規定醫療機構施行再生醫療前應進行臨床試驗，由於再生製劑屬於藥事法第6條所規定之藥品，該臨床試驗亦非人體試驗管理辦法第2條新醫療技術藥品器材所應施行之人體試驗研究之性質。如醫療機構申請新醫療技術人體試驗審查，經人體研究倫理審查委員會IRB審查後，無法判定案件是否屬醫療法施行細則第2條所稱新醫療技術人體試驗案之研究範疇時，則應請中央衛生主管機關衛生福利部判定之[182]。有關新醫療技術含醫療器材之人體試驗完成後，醫療機構應製作試驗成果報告書，報請衛生福利部核備。

　　衛生福利部醫事審議委員會參酌相關專家或機構之審查意見後，依據該新醫療技術醫療效能與安全性是否經證實或仍存有疑慮，作成下列各種決定：一、人體試驗成果經評估認為該醫療技術之醫療效能與安全性已無疑慮，則開放為常規醫療行為，公告解除人體試驗管制，所含醫療器材部分依藥事法規定申請查驗登

---

[182] 參照衛生福利部110年12月14日衛部醫字第1101668486號公告新醫療技術人體試驗案一審查標準作業程序第3點。

記;二、人體試驗成果經評估認為該醫療技術之醫療效能與安全性已無疑慮,公告解除人體試驗管制,所含醫療器材部分依藥事法規定申請查驗登記,則有條件開放為常規醫療行為,並規定施行該醫療技術之醫療機構及醫事人員所應具備之資格條件;三、人體試驗成果經評估認為該醫療技術所含醫療器材之醫療效能與安全性已無疑慮,公告解除人體試驗管制,但得歸類為醫療法第93條具有危險性醫療儀器,則列為具有危險性醫療儀器管理,並規定得購置及使用該醫療儀器及施行該醫療技術之醫療機構及醫事人員所應具備之資格條件;四、人體試驗結果尚無法確認該醫療技術之安全性與醫療效能時,則繼續將該醫療技術列入人體試驗管制;五、人體試驗結果證實該醫療技術無醫療效能或其安全性有重大疑慮時,則公告禁止施行該人體試驗[183]。

第三項 臨床試驗

醫療法第8條明定醫療機構依醫學理論於人體施行新藥品之試驗研究,亦屬人體試驗之範疇。藥事法第7條規定,所稱新藥,係指經中央衛生主管機關審查認定屬新成分、新療效複方或新使用途徑製劑之藥品。依據人體試驗管理辦法第2條,新藥品於辦理查驗登記前,應施行人體實驗研究。藥事法第42條第2項授權訂定藥品優良臨床試驗作業準則,其第3條第1款及第2款明定,臨床試驗係指以發現或證明藥品在臨床、藥理或其他藥學上之作用為目的,而於人體執行之研究。

---

[183] 參照前衛生署91年10月21日衛署醫字第0910064693號修正公告新醫療技術(含新醫療技術合併新醫療器材)人體試驗計畫作業規範第5點。

　　至於非於人體執行之生物醫學研究，則屬非臨床試驗。同準則第13條規定，非經人體試驗委員會之核准，不得進行藥品臨床試驗。人體試驗委員會於審查受試者同意書、試驗計畫書及其他相關文件後，得核准試驗機構進行臨床試驗。至於藥品之查驗登記與許可證之變更、移轉、展延登記及污損或遺失之換發或補發，依藥品查驗登記審查準則辦理；本準則未規定者，依其他有關法令及中央衛生主管機關公告事項之規定。

　　臨床試驗係以檢測新藥投放人體之安全性及有效性為目的而設計，通常會安排在實驗室實驗及動物試驗後實施。一般而言，就治療、預防、醫療器材及其他侵入性品項而言，完善的臨床試驗始終被認為是判斷對於癌症、後天免疫缺乏症候群、哮喘及其他許多疾病而言是否確屬有用之最好、最迅速及最安全的途徑。治療性臨床試驗檢測實驗性療法、新複方藥品，或手術及放射性治療之新方法等，而預防性臨床試驗則檢測藥品、疫苗、維他命或生活型態之改變，對於疾病預防和復發是否確有影響等[184]。

　　由於醫病關係先天資訊及地位之不對等，導致某些病人常因試驗結果可發展知識俾利公益而被說服承受巨大的風險，在此，倫理議題再次受到各界之關注，有關表彰人性尊嚴以人為本的倫理經典規範包括紐倫堡準則、赫爾辛基宣言及貝爾蒙特報告等，相信仍是反思此項議題並指引正確思維之不二法門。

---

[184] 參閱Christine Grady, *Clinical Trials*, in FROM BIRTH TO DEATH AND BENCH TO CLINIC: THE HASTINGS CENTER BIOETHICS BRIEFING BOOK FOR JOURNALISTS, POLICYMAKERS, AND CAMPAIGNS 21-24 (Mary Crowley ed., Garrison, NY: The Hastings Center, 2008)。

Universal Declaration of Human Rights (1948)

Preamble

Whereas recognition of the inherent dignity and of the equal and inalienable rights of all members of the human family is the foundation of freedom, justice and peace in the world,

Whereas disregard and contempt for human rights have resulted in barbarous acts which have outraged the conscience of mankind, and the advent of a world in which human beings shall enjoy freedom of speech and belief and freedom from fear and want has been proclaimed as the highest aspiration of the common people,

Whereas it is essential, if man is not to be compelled to have recourse, as a last resort, to rebellion against tyranny and oppression, that human rights should be protected by the rule of law,

Whereas it is essential to promote the development of friendly relations between nations,

Whereas the peoples of the United Nations have in the Charter reaffirmed their faith in fundamental human rights, in the dignity and worth of the human person and in the equal rights of men and women and have determined to promote social progress and better standards of life in larger freedom,

Whereas Member States have pledged themselves to achieve, in cooperation with the United Nations, the promotion of universal respect for and observance of human rights and fundamental freedoms,

Whereas a common understanding of these rights and freedoms is of the greatest importance for the full realization of this pledge,

Now, therefore,

The General Assembly,

Proclaims this Universal Declaration of Human Rights as a common standard of achievement for all peoples and all nations, to the end that every individual and every organ of society, keeping this Declaration constantly in mind, shall strive by teaching and education to promote respect for these rights and freedoms and by progressive measures, national and international, to secure their universal and effective recognition and observance, both among the peoples of Member States themselves and among the peoples of territories under their jurisdiction.

Article 1

All human beings are born free and equal in dignity and rights. They are endowed with reason and conscience and should act towards one another in a spirit of brotherhood.

Article 2

Everyone is entitled to all the rights and freedoms set forth in this Declaration, without distinction of any kind, such as race, colour, sex, language, religion, political or other opinion, national or social origin, property, birth or other status.

Furthermore, no distinction shall be made on the basis of the political, jurisdictional or international status of the country or territory to which a person belongs, whether it be independent, trust, non-self-governing or under any other limitation of sovereignty.

Article 3

Everyone has the right to life, liberty and the security of person.

Article 4

No one shall be held in slavery or servitude; slavery and the slave trade shall be prohibited in all their forms.

Article 5

No one shall be subjected to torture or to cruel, inhuman or degrading treatment or punishment.

Article 6

Everyone has the right to recognition everywhere as a person before the law.

Article 7

All are equal before the law and are entitled without any discrimination to equal protection of the law. All are entitled to equal protection against any discrimination in violation of this Declaration and against any incitement to such discrimination.

Article 8

Everyone has the right to an effective remedy by the competent national tribunals for acts violating the fundamental rights granted him by the constitution or by law.

Article 9

No one shall be subjected to arbitrary arrest, detention or exile.

Article 10

Everyone is entitled in full equality to a fair and public hearing by an independent and impartial tribunal, in the determination of his rights and obligations and of any criminal charge against him.

Article 11

1. Everyone charged with a penal offence has the right to be presumed innocent until proved guilty according to law in a public trial at which he has had all the guarantees necessary for his defence.
2. No one shall be held guilty of any penal offence on account of any act or omission which did not constitute a penal offence, under national or international law, at the time when it was committed. Nor shall a heavier penalty be imposed than the one that was applicable at the time the penal offence was committed.

Article 12

No one shall be subjected to arbitrary interference with his privacy, family, home or correspondence, nor to attacks upon his honour and reputation. Everyone has the right to the protection of the law against such interference or attacks.

Article 13

1. Everyone has the right to freedom of movement and residence within the borders of each State.
2. Everyone has the right to leave any country, including his own, and to return to his country.

Article 14

1. Everyone has the right to seek and to enjoy in other countries asylum from persecution.
2. This right may not be invoked in the case of prosecutions genuinely arising from non-political crimes or from acts contrary to the purposes and principles of the United Nations.

Article 15

1. Everyone has the right to a nationality.
2. No one shall be arbitrarily deprived of his nationality nor denied the right to change his nationality.

Article 16

1. Men and women of full age, without any limitation due to race, nationality or religion, have the right to marry and to found a family. They are entitled to equal rights as to marriage, during marriage and at its dissolution.
2. Marriage shall be entered into only with the free and full consent of the intending spouses.
3. The family is the natural and fundamental group unit of society and is entitled to protection by society and the State.

Article 17

1. Everyone has the right to own property alone as well as in association with others.
2. No one shall be arbitrarily deprived of his property.

Article 18

Everyone has the right to freedom of thought, conscience and religion; this right includes freedom to change his religion or belief, and freedom, either alone or in community with others and in public or private, to manifest his religion or belief in teaching, practice, worship and observance.

Article 19

Everyone has the right to freedom of opinion and expression; this right includes freedom to hold opinions without interference and to seek, receive and impart information and ideas through any media and regardless of frontiers.

Article 20

1. Everyone has the right to freedom of peaceful assembly and association.
2. No one may be compelled to belong to an association.

Article 21

1. Everyone has the right to take part in the government of his country, directly or through freely chosen representatives.
2. Everyone has the right of equal access to public service in his country.
3. The will of the people shall be the basis of the authority of government; this will shall be expressed in periodic and genuine elections which shall be by universal and equal suffrage and shall be held by secret vote or by equivalent free voting procedures.

Article 22

Everyone, as a member of society, has the right to social security and is entitled to realization, through national effort and international cooperation and in accordance with the organization and resources of each State, of the economic, social and cultural rights indispensable for his dignity and the free development of his personality.

Article 23

1. Everyone has the right to work, to free choice of employment, to just and favourable conditions of work and to protection against unemployment.
2. Everyone, without any discrimination, has the right to equal pay for equal work.
3. Everyone who works has the right to just and favourable remuneration ensuring for himself and his family an existence worthy of human dignity, and supplemented, if necessary, by other means of social protection.
4. Everyone has the right to form and to join trade unions for the protection of his interests.

Article 24

Everyone has the right to rest and leisure, including reasonable limitation of working hours and periodic holidays with pay.

Article 25

1. Everyone has the right to a standard of living adequate for the health and well-being of himself and of his family, including food, clothing, housing and medical care and necessary social services, and the right to security in the event of unemployment, sickness, disability, widowhood, old age or other lack of livelihood in circumstances beyond his control.
2. Motherhood and childhood are entitled to special care and assistance. All children, whether born in or out of wedlock, shall enjoy the same social protection.

Article 26

1. Everyone has the right to education. Education shall be free, at least in the elementary and fundamental stages. Elementary education shall be compulsory. Technical and professional education shall be made generally available and higher education shall be equally accessible to all on the basis of merit.

2. Education shall be directed to the full development of the human personality and to the strengthening of respect for human rights and fundamental freedoms. It shall promote understanding, tolerance and friendship among all nations, racial or religious groups, and shall further the activities of the United Nations for the maintenance of peace.

3. Parents have a prior right to choose the kind of education that shall be given to their children.

Article 27

1. Everyone has the right freely to participate in the cultural life of the community, to enjoy the arts and to share in scientific advancement and its benefits.

2. Everyone has the right to the protection of the moral and material interests resulting from any scientific, literary or artistic production of which he is the author.

Article 28

Everyone is entitled to a social and international order in which the rights and freedoms set forth in this Declaration can be fully realized.

Article 29

1. Everyone has duties to the community in which alone the free and full development of his personality is possible.

2. In the exercise of his rights and freedoms, everyone shall be subject only to such limitations as are determined by law solely for the purpose of securing due recognition and respect for the rights and freedoms of others and of meeting the just requirements of morality, public order and the general welfare in a democratic society.

3. These rights and freedoms may in no case be exercised contrary to the purposes and principles of the United Nations.

Article 30

Nothing in this Declaration may be interpreted as implying for any State, group or person any right to engage in any activity or to perform any act aimed at the destruction of any of the rights and freedoms set forth herein.

附錄二
紐倫堡準則（英文版）

The Nuremberg Code (1949)

1. The voluntary consent of the human subject is absolutely essential.

   This means that the person involved should have legal capacity to give consent; should be so situated as to be able to exercise free power of choice, without the intervention of any element of force, fraud, deceit, duress, over-reaching, or other ulterior form of constraint or coercion; and should have sufficient knowledge and comprehension of the elements of the subject matter involved, as to enable him to make an understanding and enlightened decision. This latter element requires that, before the acceptance of an affirmative decision by the experimental subject, there should be made known to him the nature, duration, and purpose of the experiment; the method and means by which it is to be conducted; all inconveniences and hazards reasonably to be expected; and the effects upon his health or person, which may possibly come from his participation in the experiment.

   The duty and responsibility for ascertaining the quality of the consent rests upon each individual who initiates, directs or engages in the experiment. It is a personal duty and responsibility which may not be delegated to another with impunity.

2. The experiment should be such as to yield fruitful results for the good of society, unprocurable by other methods or means of study, and not random and unnecessary in nature.

3. The experiment should be so designed and based on the results of animal experimentation and a knowledge of the natural history of the disease or other problem under study, that the anticipated results will justify the performance of the experiment.

4. The experiment should be so conducted as to avoid all unnecessary physical and mental suffering and injury.

5. No experiment should be conducted, where there is an a priori reason to believe that death or disabling injury will occur; except, perhaps, in those experiments where the experimental physicians also serve as subjects.

6. The degree of risk to be taken should never exceed that determined by the humanitarian importance of the problem to be solved by the experiment.

7. Proper preparations should be made and adequate facilities provided to protect the experimental subject against even remote possibilities of injury, disability, or death.

8. The experiment should be conducted only by scientifically qualified persons. The highest degree of skill and care should be required through all stages of the experiment of those who conduct or engage in the experiment.

9. During the course of the experiment, the human subject should be at liberty to bring the experiment to an end, if he has reached the physical or mental state, where continuation of the experiment seemed to him to be impossible.

10. During the course of the experiment, the scientist in charge must be prepared to terminate the experiment at any stage, if he has probable cause to believe, in the exercise of the good faith, superior skill and careful judgement required of him, that a continuation of the experiment is likely to result in injury, disability, or death to the experimental subject.

附錄三
人體研究法

108年1月2日

第一章 總則

第1條

為保障人體研究之研究對象權益，特制定本法。

人體研究實施相關事宜，依本法之規定。但其他法律有特別規定者，從其規定。

第2條

人體研究應尊重研究對象之自主權，確保研究進行之風險與利益相平衡，對研究對象侵害最小，並兼顧研究負擔與成果之公平分配，以保障研究對象之權益。

第3條

本法之主管機關為衛生福利部。

人體研究之監督、查核、管理、處分及研究對象權益保障等事項，由主持人體研究者（以下簡稱研究主持人）所屬機關（構）、學校、法人或團體（以下簡稱研究機構）之中央目的事業主管機關管轄。

第4條

本法用詞，定義如下：

一、人體研究（以下簡稱研究）：指從事取得、調查、分析、運用人體檢體或個人之生物行為、生理、心理、遺傳、醫學等有關資訊之研究。

二、人體檢體：指人體（包括胎兒及屍體）之器官、組織、細胞、體液或經實驗操作產生之衍生物質。

三、去連結：指將研究對象之人體檢體、自然人資料及其他有關之資料、資訊（以下簡稱研究材料）編碼或以其他方式處理後，使其與可供辨識研究對象之個人資料、資訊，永久不能以任何方式連結、比對之作業。

第二章　研究計畫之審查

第5條

研究主持人實施研究前，應擬定計畫，經倫理審查委員會（以下簡稱審查會）審查通過，始得為之。但研究計畫屬主管機關公告得免審查之研究案件範圍者，不在此限。

前項審查，應以研究機構設立之審查會為之。但其未設審查會者，得委託其他審查會為之。

研究計畫內容變更時，應經原審查通過之審查會同意後，始得實施。

第6條

前條研究計畫，應載明下列事項：

一、計畫名稱、主持人及研究機構。

二、計畫摘要、研究對象及實施方法。

三、計畫預定進度。

四、研究對象權益之保障、同意之方式及內容。

五、研究人力及相關設備需求。

六、研究經費需求及其來源。

七、預期成果及主要效益。

八、研發成果之歸屬及運用。

九、研究人員利益衝突事項之揭露。

第7條

審查會應置委員五人以上，包含法律專家及其他社會公正人士；研究機構以外人士應達五分之二以上；任一性別不得低於三分之一。

審查會開會時，得邀請研究計畫相關領域專家，或研究對象所屬特定群體之代表列席陳述意見。

審查會之組織、議事、審查程序與範圍、利益迴避原則、監督、管理及其他應遵行事項之辦法，由主管機關定之。

第8條

研究計畫之審查，依其風險程度，分為一般程序及簡易程序。

前項得以簡易程序審查之研究案件範圍，以主管機關公告者為限。

第9條

研究人員未隸屬研究機構或未與研究機構合作所為之研究計畫，應經任一研究機構之審查會或非屬研究機構之獨立審查會審查通過，始得實施。

第10條

研究於二個以上研究機構實施時，得由各研究機構共同約定之審查會，負審查、監督及查核之責。

第11條

審查會應獨立審查。

研究機構應確保審查會之審查不受所屬研究機構、研究主持人、委託人之不當影響。

第三章　研究對象權益之保障

第12條

研究對象除胎兒或屍體外，以有意思能力之成年人為限。但研究顯有益於特定人口群或無法以其他研究對象取代者，不在此限。

研究計畫應依審查會審查通過之同意方式及內容，取得前項研究對象之同意。但屬主管機關公告得免取得同意之研究案件範圍者，不在此限。

研究對象為胎兒時，第一項同意應由其母親為之；為限制行為能力人或受輔助宣告之人時，應得其本人及法定代理人或輔助人之同意；為無行為能力人或受監護宣告之人時，應得其法定代理人或監護人之同意；為第一項但書之成年人時，應依下列順序取得其關係人之同意：

一、配偶。

二、成年子女。

三、父母。

四、兄弟姊妹。

五、祖父母。

依前項關係人所為之書面同意，其書面同意，得以一人行之；關係人意思表示不一致時，依前項各款先後定其順序。前項同一順序之人，以親等近者為先，親等同者，以同居親屬為先，無同居親屬者，以年長者為先。

第13條

以屍體為研究對象，應符合下列規定之一：

一、死者生前以書面或遺囑同意者。

二、經前條第三項所定關係人以書面同意者。但不得違反死者生前所
　　明示之意思表示。

三、死者生前有提供研究之意思表示，且經醫師二人以上之書面證明
　　者。但死者身分不明或其前條第三項所定關係人不同意者，不適
　　用之。

第14條

研究主持人取得第十二條之同意前，應以研究對象或其關係人、法定
代理人、監護人、輔助人可理解之方式告知下列事項：

一、研究機構名稱及經費來源。

二、研究目的及方法。

三、研究主持人之姓名、職稱及職責。

四、研究計畫聯絡人姓名及聯絡方式。

五、研究對象之權益及個人資料保護機制。

六、研究對象得隨時撤回同意之權利及撤回之方式。

七、可預見之風險及造成損害時之救濟措施。

八、研究材料之保存期限及運用規劃。

九、研究可能衍生之商業利益及其應用之約定。

研究主持人取得同意，不得以強制、利誘或其他不正當方式為之。

第15條

以研究原住民族為目的者，除依第十二條至第十四條規定外，並應諮
詢、取得各該原住民族之同意；其研究結果之發表，亦同。

前項諮詢、同意與商業利益及其應用之約定等事項，由中央原住民族
主管機關會同主管機關定之。

第四章　研究計畫之管理

第16條

研究機構對審查通過之研究計畫施行期間，應為必要之監督；於發現重大違失時，應令其中止或終止研究。

第17條

審查會對其審查通過之研究計畫，於計畫執行期間，每年至少應查核一次。

審查會發現研究計畫有下列情事之一者，得令其中止並限期改善，或終止其研究，並應通報研究機構及中央目的事業主管機關：

一、未依規定經審查會通過，自行變更研究計畫內容。

二、顯有影響研究對象權益或安全之事實。

三、不良事件之發生頻率或嚴重程度顯有異常。

四、有事實足認研究計畫已無必要。

五、發生其他影響研究風險與利益評估之情事。

研究計畫完成後，有下列情形之一者，審查會應進行調查，並通報研究機構及中央目的事業主管機關：

一、嚴重晚發性不良事件。

二、有違反法規或計畫內容之情事。

三、嚴重影響研究對象權益之情事。

第18條

中央目的事業主管機關應定期查核審查會，並公布其結果。

前項之查核，中央目的事業主管機關得委託民間專業機構、團體辦理。

審查會未經查核通過者，不得審查研究計畫。

第19條

研究材料於研究結束或第十四條第一項第八款所定之保存期限屆至後，應即銷毀。但經當事人同意，或已去連結者，不在此限。

使用未去連結之研究材料，逾越原應以書面同意使用範圍時，應再依第五條、第十二條至第十五條規定，辦理審查及完成告知、取得同意之程序。

未去連結之研究材料提供國外特定研究使用時，除應告知研究對象及取得其書面同意外，並應由國外研究執行機構檢具可確保遵行我國相關規定及研究材料使用範圍之擔保書，報請審查會審查通過後，經主管機關核准，始得為之。

第20條

中央目的事業主管機關對研究計畫之實施，認有侵害研究對象權益之虞，得隨時查核或調閱資料；研究機構與相關人員不得妨礙、拒絕或規避。

第21條

研究主持人及研究有關人員，不得洩露因業務知悉之秘密或與研究對象有關之資訊。

第五章　罰則

第22條

研究機構所屬之研究主持人或其他成員，有下列情形之一者，由中央目的事業主管機關處該研究機構新臺幣十萬元以上一百萬元以下罰鍰：

一、違反第五條第一項、第八條、第九條或第十條規定，執行應經審
　　查會審查而未審查通過之研究。

二、違反第十九條第一項規定，未於研究結束或保存期限屆至後，銷
　　毀未去連結之研究材料。

三、違反第十九條第二項規定，使用未去連結之研究材料，逾越原始
　　同意範圍時，未再辦理審查、告知及取得同意之程序。

四、違反第十九條第三項規定，研究材料提供國外使用未取得研究對
　　象之書面同意。

有前項各款情形，其情節重大者，各該目的事業主管機關得令其終止
研究，並得公布研究機構名稱。

第23條

研究機構審查會或獨立審查會違反下列規定之一者，由中央目的事業
主管機關處該研究機構或獨立審查會新臺幣六萬元以上六十萬元以下
罰鍰，並應令其限期改善，屆期不改正者，得命其解散審查會；情節
重大者，處一個月以上一年以下停止審查處分：

一、違反第七條第一項規定。

二、違反第七條第三項所定審查會審查程序與範圍、利益迴避原則、
　　監督、管理或其他遵行事項之規定。

三、違反第十七條規定，未對經審查通過之研究監督及查核。

四、違反第十八條第三項規定。

第24條

研究機構或其所屬之研究主持人、其他成員有下列情形之一者，由中
央目的事業主管機關處該研究機構新臺幣五萬元以上五十萬元以下罰

鍰，並得命其中止或終止研究：

一、違反第十二條或第十三條規定。

二、違反第十四條規定，未以可理解方式告知各該事項，或以強制、利誘或其他不當方式取得同意。

三、違反第十五條第一項規定。

四、違反第十六條規定，對審查通過之研究未為必要之監督。

五、違反第十九條第三項規定，未經主管機關核准，將研究材料提供國外使用。

六、違反第二十條規定，妨礙、拒絕或規避查核或提供資料。

七、違反第二十一條規定，洩露因業務知悉研究對象之秘密或與研究對象有關之資訊。

第25條

研究機構經依第二十二條或前條規定處罰者，併處該研究主持人或所屬成員同一規定罰鍰之處罰。其情節重大者，受處分人於處分確定後，一年內不得申請政府機關或政府捐助成立之財團法人研究經費補助。

第六章　附則

第26條

本法自公布日施行。

國家圖書館出版品預行編目資料

生物科技與人權法制／史慶璞著. -- 初
版. -- 臺北市：五南圖書出版股份有
限公司, 2024.03
面；　公分
ISBN 978-626-393-063-6（平裝）

1.CST: 生物技術　2.CST: 應用倫理學

368　　　　　　　　　　113001546

1UG4

生物科技與人權法制

作　　　者 ─ 史慶璞（462）

發 行 人 ─ 楊榮川

總 經 理 ─ 楊士清

總 編 輯 ─ 楊秀麗

副總編輯 ─ 劉靜芬

責任編輯 ─ 林佳瑩

封面設計 ─ 姚孝慈

出 版 者 ─ 五南圖書出版股份有限公司

地　　　址：106台北市大安區和平東路二段339號4樓

電　　　話：(02)2705-5066　　傳　　真：(02)2706-6100

網　　　址：https://www.wunan.com.tw

電子郵件：wunan@wunan.com.tw

劃撥帳號：01068953

戶　　　名：五南圖書出版股份有限公司

法律顧問　林勝安律師

出版日期　2024年3月初版一刷

定　　　價　新臺幣320元

經典永恆・名著常在

五十週年的獻禮——經典名著文庫

五南，五十年了，半個世紀，人生旅程的一大半，走過來了。

思索著，邁向百年的未來歷程，能為知識界、文化學術界作些什麼？

在速食文化的生態下，有什麼值得讓人雋永品味的？

歷代經典・當今名著，經過時間的洗禮，千錘百鍊，流傳至今，光芒耀人；

不僅使我們能領悟前人的智慧，同時也增深加廣我們思考的深度與視野。

我們決心投入巨資，有計畫的系統梳選，成立「經典名著文庫」，

希望收入古今中外思想性的、充滿睿智與獨見的經典、名著。

這是一項理想性的、永續性的巨大出版工程。

不在意讀者的眾寡，只考慮它的學術價值，力求完整展現先哲思想的軌跡；

為知識界開啟一片智慧之窗，營造一座百花綻放的世界文明公園，

任君遨遊、取菁吸蜜、嘉惠學子！